普通高等教育"十二五"规划教材

数据库技术与应用实践教程
（第二版）

主　编　王小玲　杨长兴

副主编　严　晖　田　琪

主　审　施荣华

中国水利水电出版社
www.waterpub.com.cn

内 容 提 要

本书是与《数据库技术与应用》(第二版)配套的教学参考书,是根据教育部高等计算机基础课程教学指导委员会 2011 年 10 月出版的《高等学校计算机基础核心课程教学实施方案》(新白皮书)中关于"数据库技术及应用"课程实施方案的精神,结合作者多年教学实践与研发的经验,并考虑到读者的反馈信息,遵循非计算机专业的特点,从新的视角对原来出版的《数据库应用基础实践教程》各个章节的内容和结构等进行了修订、调整、完善和补充。全书分为实验指导篇和课程设计案例篇。实验指导篇共安排 20 个实验,内容选择恰当,具有启发性和实用性,与教材内容紧密结合,强调对动手能力的培养,达到即学即用的目的。课程设计案例篇共安排 5 个案例,是分别从文学、法学、医学和工学的角度考虑并结合专业而开发的相关信息管理系统,对数据库管理系统的开发与应用能起到较好的启发和引导作用。

本书既可作为高等院校数据库应用课程的教材,又可供社会各类计算机应用人员阅读参考。

本书源代码读者可以从中国水利水电出版社网站和万水书苑免费下载,网址为:
http://www.waterpub.com.cn/softdown/和 http://www.wsbookshow.com。

图书在版编目(CIP)数据

数据库技术与应用实践教程 / 王小玲, 杨长兴主编
-- 2版. -- 北京 : 中国水利水电出版社, 2012.1
普通高等教育"十二五"规划教材
ISBN 978-7-5084-9275-9

Ⅰ. ①数… Ⅱ. ①王… ②杨… Ⅲ. ①数据库系统—
高等学校—教材 Ⅳ. ①TP311.13

中国版本图书馆CIP数据核字(2011)第261534号

策划编辑:雷顺加　责任编辑:张玉玲　加工编辑:孙 丹　封面设计:李 佳

书　名	普通高等教育"十二五"规划教材 数据库技术与应用实践教程(第二版)
作　者	主　编 王小玲 杨长兴 副主编 严 晖 田 琪 主　审 施荣华
出版发行	中国水利水电出版社 (北京市海淀区玉渊潭南路 1 号 D 座　100038) 网址:www.waterpub.com.cn E-mail: mchannel@263.net(万水) 　　　　 sales@waterpub.com.cn 电话:(010) 68367658(发行部)、82562819(万水)
经　售	北京科水图书销售中心(零售) 电话:(010) 88383994、63202643、68545874 全国各地新华书店和相关出版物销售网点
排　版	北京万水电子信息有限公司
印　刷	三河市鑫金马印装有限公司
规　格	184mm×260mm　16 开本　14.75 印张　373 千字
版　次	2012 年 1 月第 2 版　2012 年 1 月第 1 次印刷
印　数	0001—5000 册
定　价	26.00 元

再版前言

本书是与《数据库技术与应用》(第二版)配套的教学参考书,是根据教育部高等计算机基础课程教学指导委员会 2011 年 10 月出版的《高等学校计算机基础核心课程教学实施方案》(新白皮书)中关于"数据库技术及应用"课程实施方案的精神,结合作者多年教学实践与研发的经验,并考虑到读者的反馈信息,遵循非计算机专业的特点,从新的视角对原来出版的《数据库应用基础实践教程》各个章节的内容和结构等进行了修订、调整、完善和补充。全书分为实验指导篇和课程设计案例篇。实验指导篇共安排 20 个实验,考虑到非计算机专业学生的特点,作者在原书的基础上进一步调整和优化了内容,改编后的实践教程很多内容都注入了"计算思维"的理念,更具有启发性和实用性,并且与主教材内容紧密结合,强调对动手能力的培养,达到即学即用的目的。课程设计案例篇共安排了 5 个案例,是分别从文学、法学、医学和工学的角度考虑并结合专业而开发的相关信息管理系统,对数据库管理系统的开发与应用能起到较好的启发和引导作用。

本书的主要内容有:全面练习编写关系数据库 SQL 语言、练习使用 SQL Server 数据库、练习使用数据库的各种连接技术、用 Visual Basic 和 Delphi 进行数据库编程等。全书重点与实效并重,既有相对基本的编程内容,又有一些较为高级的应用实例。每个实验包括实验目的、实验准备、实验内容及步骤、实验思考。每个案例基本上都包括系统说明、系统需求分析、系统设计、系统实现等环节,适合不同层次的读者学习和使用。

为了方便读者在案例基础上进一步开发,本书提供全部案例的源代码。

本书由王小玲、杨长兴任主编,严晖、田琪任副主编,施荣华任主审。参加部分编写工作的还有:刘卫国、童键、周肆清、邵自然、温国海、孙岱、安剑奇、李小兰、江海涛、何欣、佘峰等。在本书的编写过程中,得到了中南大学信息科学与工程学院相关领导和教学管理人员、计算机基础教学实验中心全体教师和自动化系的部分教师的大力支持和指导,在此表示衷心感谢。

由于本书的编写人员都是本课程教学一线的教师,教学、教改和科研任务繁重,且时间仓促,书中不当或错误之处在所难免,恳请广大读者批评指正,读者可以通过邮箱 wxling@csu.edu.cn 与作者联系。

编 者
2011 年 12 月

目　录

第二篇　课程设计案例

第一篇　实验指导

实验 1　SQL Server 2000 的安装

一、实验目的

1. 熟悉 SQL Server 2000 的安装方法与步骤。
2. 熟悉 SQL 服务器的注册和配置方法。
3. 掌握企业管理器和查询分析器的简单应用。

二、实验准备

1. 了解 SQL Server 2000 常用的版本和适用的操作系统平台。
2. 了解 SQL Server 2000 安装的软硬件要求。
3. 了解 SQL Server 2000 支持的身份验证模式。
4. 了解 SQL Server 2000 的安装过程。

三、实验内容及步骤

1. 安装 SQL Server 2000。

将 SQL Server 2000 光盘放入光驱，在屏幕提示下完成安装。

2. 注册刚才安装的 SQL Server 服务器。

（1）选择"开始"→"程序"→Microsoft SQL Server→"企业管理器"命令，打开"企业管理器"窗口。在"企业管理器"窗口中右击"SQL Server 组"选项并选择"新建 SQL Server 注册"命令，或者单击工具栏中的"添加新服务器"按钮，或选择工具栏中的"运行向导"→"注册服务器向导"或"操作"→"新建 SQL Server 注册"命令进行注册。

（2）选择或输入要注册的服务器名称。

3. 分别用 administrator 和 sa 两个用户登录自己的服务器，并为 sa 用户更改密码为 666666。

（1）将服务器的身份模式改为"混合模式"。方法为：在企业管理器中选择命名服务器，右击并选择"属性"选项，选择"安全性"标签并选择"混合模式"。该步骤主要用于设置身份由 SQL Server 和 Windows 一起管理。

（2）打开命名服务器，选择"安全性"→"登录"命令，并为 sa 设置密码。该步骤主要用于新建和修改登录账号。

（3）右击命名的服务器，选择"编辑 SQL Server 注册属性"命令，将登录方式改为"使用 SQL Server 身份登录"，输入账号为 sa，密码为 666666。该步骤用于打开登录界面并更改账号。

4．打开事件探查器，显示跟踪计划。

选择"开始"→"程序"→Microsoft SQL Server→"事件探查器"命令，打开"SQL 事件探查器"窗口，单击工具栏上的"新跟踪"→"连接服务器"设置相关项，开始跟踪 SQL Server 的使用情况。

5．打开查询分析器，输入程序并执行。

（1）选择"开始"→"程序"→Microsoft SQL Server→"查询分析器"命令，进入"SQL 查询分析器"界面，选择"连接服务器"选项后进入 SQL 语句输入界面。

（2）在用户盘上创建一个以自己姓名的拼音为文件名的文件夹，然后单击"工具"→"选项"命令，并将"查询文件目录"和"结果文件目录"全部设置为新创建的文件夹。

（3）在查询窗口中输入以下程序：

```
declare @x char(40)
select @x='SQL 数据库教程'
select @x, datalength(@x)
go
```

（4）单击"文件"→"保存"命令将该脚本文件存盘，然后按 F5 键或单击工具栏中的"执行查询"按钮运行，注意观察输出结果。

（5）再试着单击"文件"→"打开"命令打开该脚本文件，再次执行。

四、实验思考

1．在 Windows 2000 Professional 操作系统上，可以安装 SQL Server 2000 的哪些版本？
2．在 Windows 2000 Server 操作系统上，可以安装 SQL Server 2000 的哪些版本？
3．在 SQL Server 2000 中，身份验证的模式有几种，分别是什么？

实验 2　SQL Server 2000 管理工具的使用

一、实验目的

1．掌握 3 个实用工具程序（服务管理器、企业管理器和查询分析器）的基本操作。
2．熟悉系统提供的示例数据库。
3．熟悉使用联机丛书来查阅帮助信息。

二、实验准备

1．了解 SQL Server 2000 的管理工具程序及其功能。

（1）服务管理器：启动、停止、暂停 SQL Server 服务。在对 SQL Server 中的数据库和表进行任何操作之前需要首先启动 SQL Server 服务。

（2）企业管理器：有助于用户对 SQL Server 数据库进行管理和操作。

（3）查询分析器：帮助用户调试 SQL 程序、测试查询及管理数据库。

（4）联机丛书：是在使用 SQL Server 时可以随时参考的帮助说明。

2．了解 SQL Server 2000 自带的示例数据库。

三、实验内容及步骤

1. 使用服务管理器：对已安装的本地 SQL Server 服务器完成启动、暂停和停止操作。

（1）执行"开始"→"程序"→Microsoft SQL Server→"服务管理器"命令，或双击桌面任务栏上的"服务管理器"图标按钮，弹出"SQL Server 服务管理器"窗口，如图 2.1 所示。

图 2.1 "SQL Server 服务管理器"窗口

（2）在"服务器"下拉列表框中选择要启动的数据库服务器（取决于所安装的实例），在"服务"下拉列表框中选择 SQL Server 选项，单击"开始/继续"按钮启动 SQL Server。

注意：选择"当启动 OS 时自动启动服务"复选项，可在每次 Windows 启动时自动启动 SQL Server。

（3）单击"暂停"按钮，观察信号灯变化。单击"停止"按钮，观察信号灯变化。再次单击"开始/继续"按钮。

（4）关闭"SQL Server 服务管理器"窗口，但 SQL Server 服务仍在运行，任务栏上的 图标表示服务已启动。

2. 启动 SQL Server 的企业管理器，查看已安装的数据库实例中系统数据库的情况。

（1）选择"开始"→"程序"→Microsoft SQL Server→"企业管理器"命令，打开"企业管理器"窗口，如图 2.2 所示。

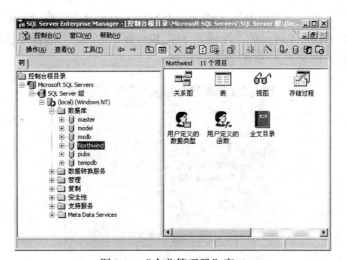

图 2.2 "企业管理器"窗口

（2）单击窗口中树状目录窗格中的 Microsoft SQL Server 节点，并打开在其下级 SQL Server 组下自己安装的数据库实例"数据库"节点，浏览系统自动创建的数据库情况并单击某一数据库（如 Pubs 或 Northwind 示例数据库）节点，浏览其中包含的数据库对象。

注意：如果相应实例的数据库服务器未启动，则右击该数据库服务器并从弹出的快捷菜单中选择"连接"选项也可启动 SQL Server 服务。

3．通过企业管理器进入"SQL 查询分析器"窗口，进行简单的数据查询操作。

（1）在"企业管理器"窗口中，选择 pubs 数据库，执行"工具"→"SQL 查询分析器"命令，打开"SQL 查询分析器"窗口，如图 2.3 所示。

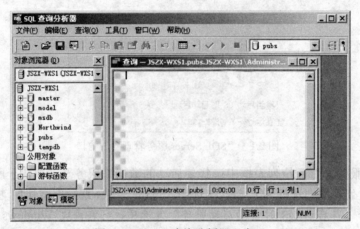

图 2.3　"SQL 查询分析器"窗口

（2）通过窗口的工具栏确认当前数据库为 pubs 数据库，在查询分析器的文本窗口中输入查询语句：

SELECT * FROM　pub_info

（3）执行"查询"→"执行"命令或单击工具栏上的相应按钮执行查询，注意观察输出结果。然后关闭"SQL 查询分析器"窗口。

注意：执行查询语句之前，可以先执行"查询"→"分析"菜单命令分析 SQL 代码的语法正确性。

也可以执行"开始"→"程序"→Microsoft SQL Server→"查询分析器"命令打开查询分析器，但首先应在如图 2.4 所示的"连接到 SQL Server"对话框中选择连接的服务器并输入合法的用户名和密码，即可进入 SQL 查询分析器。

图 2.4　"连接到 SQL Server"对话框

4．使用联机丛书：通过 SQL Server 联机丛书了解 SQL Server 的相关帮助信息。

（1）选择"开始"→"程序"→Microsoft SQL Server→"联机丛书"命令打开"SQL Server 联机丛书"窗口，如图 2.5 所示。

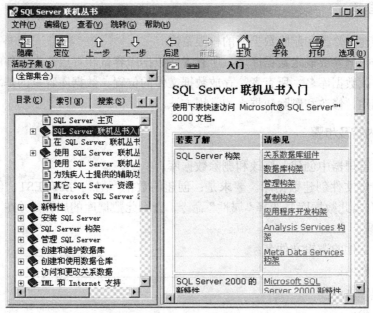

图 2.5　"SQL Server 联机丛书"窗口

（2）在"目录"选项卡中选择感兴趣的标题，展开浏览。如选择"安装 SQL Server"→"基本安装选项"→"实例名称"命令查看实例命名规则。

（3）在"索引"选项卡中输入关键字"服务器"，选择"服务器—SQL Server，sa 密码"选项查看系统关于 sa 用户身份的说明介绍。

（4）在"搜索"选项卡中输入要查找的短语"pubs 示例数据库"，打开主题"pubs 示例数据库"后查看 pubs 数据库的有关信息。

注意：在企业管理器或查询分析器中，执行"帮助"命令或者单击工具栏中的"帮助"按钮也可以打开联机帮助说明书。

四、实验思考

1．查询分析器的作用是什么？有几种启动查询分析器的方法？

2．使用什么方法可以改变查询分析器的当前数据库？

3．用企业管理器和查询分析器查看 Northwind 数据库中 Orders 和 Customers 表的内容。

实验 3　数据库的创建、修改和删除

一、实验目的

1．了解 SQL Server 数据库的构成和数据库对象。

2．了解数据库的物理存储。

3．掌握在企业管理器中创建、修改和删除数据库的操作方法。

4．学会使用 Transact-SQL 语言的 CREATE DATABASE、ALTER DATABASE 和 DROP DATABASE 命令创建、修改和删除数据库。

二、实验准备

1．明确创建、修改和删除数据库的权限范围。

2．创建的数据库要确定数据库名、所有者、数据库容量和存放数据文件的位置。

3．了解修改数据库名、所有者、存放数据文件的位置、数据库容量的基本要求和方法。

4．了解创建、修改和删除数据库的常用方法。

三、实验内容及步骤

1．在企业管理器中创建、修改和删除数据库。

（1）不指定文件创建数据库。要求是：创建的数据库名为 MYTEST。创建完成后，在企业管理器中右击此数据库并选择"属性"命令，查看此数据库的属性，并在下列横线上按要求填入相关数据。

① 主数据文件的逻辑文件名：＿＿＿＿＿＿＿＿＿＿＿＿＿＿＿＿＿＿＿＿＿。

② 物理文件名：＿＿＿＿＿＿＿＿＿＿＿＿＿＿＿＿＿＿＿＿＿＿＿＿＿＿＿。

③ 存放的位置：＿＿＿＿＿＿＿＿＿＿＿＿＿＿＿＿＿＿＿＿＿＿＿＿＿＿＿。

④ 初始大小：＿＿＿＿＿＿＿＿＿＿＿＿＿＿＿＿＿＿＿＿＿＿＿＿＿＿＿＿。

⑤ 最大文件大小：＿＿＿＿＿＿＿＿＿＿＿＿＿＿＿＿＿＿＿＿＿＿＿＿＿。

⑥ 事务日志文件的逻辑文件名：＿＿＿＿＿＿＿＿＿＿＿＿＿＿＿＿＿＿＿。

⑦ 物理文件名：＿＿＿＿＿＿＿＿＿＿＿＿＿＿＿＿＿＿＿＿＿＿＿＿＿＿＿。

⑧ 存放的位置：＿＿＿＿＿＿＿＿＿＿＿＿＿＿＿＿＿＿＿＿＿＿＿＿＿＿＿。

⑨ 文件增长情况：＿＿＿＿＿＿＿＿＿＿＿＿＿＿＿＿＿＿＿＿＿＿＿＿＿＿。

注意：由于不指定文件，所以创建的数据库 MYTEST 的主数据文件大小为系统数据库 MODEL 的主数据文件大小。事务日志文件的大小为 MODEL 数据库事务日志文件的大小。而文件的最大大小可以增长到填满所有可用的磁盘空间为止。

（2）创建指定数据文件和事务日志文件的数据库。要求是：创建学生信息 Student 数据库。主数据文件的逻辑文件名为 STU_DAT，存放的位置和物理文件名为 D:\Mydb\STUDAT.MDF，初始大小为 3MB，最大大小为 25MB，自动增长量为 5MB；事务日志文件的逻辑文件名为 STU_LOG，存放的位置和物理文件名为 D:\Mydb\STULOG.LDF，初始大小为 3MB，最大大小为 20MB，自动增长量为 5MB。

注意：在创建 Student 数据库前必须先确定 D:盘上是否已建立 Mydb 文件夹，若没有，则创建该文件夹。

（3）对（2）中创建好的 Student 数据库进行如下修改：修改主数据文件的最大大小为无限大，自动增长量为 10%；修改事务日志文件的最大大小为 30MB。

（4）删除数据库 MYTEST。

2．在查询分析器中创建、修改和删除数据库。

（1）使用 CREATE DATABASE 命令创建简单的数据库。要求先阅读下述语句，然后上机完成操作。

```
/*创建简单数据库的语句*/
CREATE DATABASE Products
ON
( NAME = prods_dat,
    FILENAME = 'C:\program files\microsoft SQL Server\mssql\data\prods.mdf',
    SIZE = 4,
    MAXSIZE = 10,
    FILEGROWTH = 1 )
```

完成上机操作后，在下列横线上填入相关数据。

① 创建的数据库名：＿＿＿＿＿＿＿＿＿＿＿＿＿＿＿＿＿＿＿＿＿。

② 主数据文件的逻辑文件名：＿＿＿＿＿＿＿＿＿＿＿＿＿＿＿＿＿＿。

③ 主数据文件的最大大小：＿＿＿＿＿＿＿＿＿＿＿＿＿＿＿＿＿＿＿。

④ 事务日志文件的逻辑文件名：＿＿＿＿＿＿＿＿＿＿＿＿＿＿＿＿＿。

注意：在执行创建 Products 数据库的命令前，必须先确定 C:盘上是否有路径:\program files\microsoft SQL Server\mssql\data，若没有，则改变或建立该路径。

（2）使用 CREATE DATABASE 命令指定多个数据文件和事务日志文件创建数据库。

要求先阅读下列语句，在下列语句的注释"/* */"中的横线处填入相应的注释。

```
/*指定多个数据文件和事务日志文件创建数据库*/
CREATE DATABASE Archive
ON
/* 创建＿＿＿＿＿文件＿＿＿＿＿*/
PRIMARY
( NAME=Arch1,
    FILENAME= 'D:\Mydb\Archdat1.mdf',
    SIZE=2MB,
    MAXSIZE =30,
    FILEGROWTH =2),
/* 创建次数据文件 Arch2 */
( NAME=Arch2,
    FILENAME = 'D:\Mydb\Archdat2.ndf',
    SIZE=2MB,
    MAXSIZE=30,
    FILEGROWTH=2),
/* ＿＿＿＿＿＿＿＿＿＿＿＿＿＿＿＿*/
( NAME=Arch3,
    FILENAME='D:\Mydb\Archdat3.ndf',
    SIZE=2MB,
    MAXSIZE=30,
    FILEGROWTH=2)
LOG ON
/* ＿＿＿＿＿＿＿＿＿＿＿＿＿＿＿＿*/
( NAME=Archlog1,
    FILENAME='D:\Mydb\Archlog1.ldf',
    SIZE=1MB,
    MAXSIZE=20,
    FILEGROWTH=2),
```

```
        /*_____*/
        ( NAME=Archlog2,
            FILENAME='D:\Mydb\Archlog2.ldf',
            SIZE=1MB,
            MAXSIZE=20,
            FILEGROWTH=2)
```

完成上机操作后，在下列横线上填入相关数据。

① 语句中使用了＿＿＿＿＿ 个＿＿＿＿＿MB 数据文件，使用了＿＿＿＿＿ 个＿＿＿＿＿MB 事务日志文件。

② 对照以上语句执行的输出结果在下列横线处填上正确的内容。

CREATE DATABASE 进程正在磁盘 'Arch1 ' 上分配 2MB 的空间。
CREATE DATABASE 进程正在磁盘 '＿＿＿＿＿' 上分配 2MB 的空间。
CREATE DATABASE 进程正在磁盘 '＿＿＿＿＿' 上分配 2MB 的空间。
CREATE DATABASE 进程正在磁盘 '＿＿＿＿＿' 上分配 1MB 的空间。
CREATE DATABASE 进程正在磁盘 '＿＿＿＿＿' 上分配 1MB 的空间。

（3）使用 CREATE DATABASE 命令和文件组创建人事信息管理 Rsxxgl_db 数据库。要求阅读下列语句并在下列语句的注释"/* */"中的横线处填入相应的注释。

```
        /*使用文件组创建人事信息管理 Rsxxgl_db 数据库的语句*/
        CREATE DATABASE Rsxxgl_db
        ON
        /*_____*/
        PRIMARY
        ( NAME=Rsx1_dat,
            FILENAME='D:\Mydb\Rsx1dat.mdf',
            SIZE=2,
            MAXSIZE=20,
            FILEGROWTH=5% ),
        ( NAME=Rsx2_dat,
            FILENAME='D:\Mydb\Rsx2dat.ndf',
            SIZE=2,
            MAXSIZE=20,
            FILEGROWTH=5% ),
        /*_____*/
        FILEGROUP RsxxglGroup1
        ( NAME=RGrp1Fi1_dat,
            FILENAME='D:\Mydb\RG1Fi1dt.ndf',
            SIZE=2,
            MAXSIZE=20,
            FILEGROWTH=5),
        ( NAME=RGrp1Fi2_dat,
            FILENAME='D:\Mydb\RG1Fi2dt.ndf',
            SIZE=2,
            MAXSIZE=20,
            FILEGROWTH=5),
        /*_____*/
        FILEGROUP RsxxglGroup2
```

```
    ( NAME=RGrp2Fi1_dat,
      FILENAME='D:\Mydb\RG2Fi1dt.ndf',
      SIZE=2,
      MAXSIZE=20,
      FILEGROWTH=5),
    ( NAME=RGrp2Fi2_dat,
      FILENAME='D:\Mydb\RG2Fi2dt.ndf',
      SIZE=2,
      MAXSIZE=20,
      FILEGROWTH=5)
    /* _____ */
    LOG ON
    ( NAME='Rsxxgl_log',
      FILENAME='D:\Mydb\Rsxxgllog.ldf',
      SIZE=1MB,
      MAXSIZE=25MB,
      FILEGROWTH=3MB )
```

完成上机操作后，在下列横线上填入相关数据。

① 语句中包含_____个文件组，其中主文件组包含文件 _____和_____。这些文件的 FILEGROWTH 增量为_____。

② 对照以上语句执行的输出结果在下列横线处填上正确的内容。

CREATE DATABASE 进程正在磁盘 'Rsx1_dat' 上分配 2MB 的空间。

CREATE DATABASE 进程正在磁盘 'Rsx2_dat' 上分配 2MB 的空间。

CREATE DATABASE 进程正在磁盘 '_____' 上分配 2MB 的空间。

CREATE DATABASE 进程正在磁盘 '_____' 上分配 2MB 的空间。

CREATE DATABASE 进程正在磁盘 '_____' 上分配 2MB 的空间。

CREATE DATABASE 进程正在磁盘 '_____' 上分配 2MB 的空间。

CREATE DATABASE 进程正在磁盘 '_____' 上分配 1MB 的空间。

（4）使用 ALTER DATABASE 命令修改数据库 Archive。

1）下述语句的功能是将数据库 Archive 的主数据文件的逻辑文件名 Arch1 修改为 Arch1_main。要求在下列横线处填入正确的内容，完成操作。

```
    ALTER DATABASE Archive
    MODIFY FILE _____
```

提示：修改数据文件的逻辑文件名子句的语法格式为：

```
    MODIFY FILE (NAME = logical_file_name, NEWNAME = new_logical_name...)
```

2）下列语句的功能是将数据库 Archive 的主数据文件中的最大大小修改为 35，文件自动增长量修改为 5。要求在下列横线处填入正确的内容，完成操作。

```
    ALTER DATABASE Archive
    MODIFY FILE
    ( NAME= _____ ,
      MAXSIZE =35,
      _____ )
```

注意：当修改数据库的容量时，容量的大小必须比文件当前容量的大小要大。若要修改数据库文件的属性，每次只能更改这些属性中的一种。

3）下列语句的功能是将数据库 Archive 中的物理文件名为 Arch3 的文件删除。要求在下列横线处填入正确的内容，完成操作。

　　　　　ALTER DATABASE Archive　　　　　　　　

　　（5）使用 DROP DATABASE 命令一次删除 Archive 和 Rsxxgl_db 两个数据库。要求在下列横线处填入正确的语句。

　　　　　　　　　　　　　　　　　

　　注意：删除数据库与删除数据库文件的区别。

　　（6）请在下列横线处填入合适的内容，使得下列语句可以将 Sales 数据库名改为 NewSales。

　　　　　ALTER　　　　　　Sales　　　　　　NAME=NewSales

　　提示：重命名数据库的语法格式为

　　　　　ALTER DATABASE database MODIFY NAME = new_dbname

　　（7）将数据库 Products 中的数据文件 Prods_dat 的文件大小增加到 20MB。

　　　　　ALTER DATABASE Products
　　　　　　　　　　　　　　　　FILE
　　　　　(NAME = Prods_dat,
　　　　　　SIZE = 20MB)

四、实验思考

　　1. 在企业管理器中是否能对数据库更名？是否能对创建好的数据文件或事务日志文件更名？

　　2. SQL Server 服务器正在运行，当一用户将已经创建好的数据库 Test1 在企业管理器中删除时，系统提示不能进行删除操作，这是什么原因？正确的操作是什么？

　　3. 在实验内容 2（4）的 3）中，若数据库 Archive 的物理文件 Arch3 有信息，则是否能删除？

实验 4　数据库的分离、附加、备份及还原

一、实验目的

　　1. 掌握数据库分离和附加的基本概念。
　　2. 掌握数据库分离和附加的基本操作方法。
　　3. 掌握数据备份和还原的基本概念。
　　4. 掌握数据库备份和还原的几种方式。
　　5. 掌握 SQL Server 备份和还原的基本操作方法。

二、实验准备

　　1. 了解数据库分离和附加的基本概念，明确分离数据库的目的。
　　2. 了解数据库附加的基本操作方法。
　　3. 了解数据库备份和还原的基本概念，明确备份的目的。
　　4. 确定备份类型，选好备份设备，制定备份策略。
　　5. 学习使用企业管理器对数据库进行备份。

6. 选好还原模型，制定还原方案。

7. 学习使用企业管理器对数据库进行还原。

三、实验内容及步骤

1. 复制在实验 3 中创建的学生信息数据库 Student 文件。

提示：停止运行 SQL Server 服务器，找到数据库 Student 存放的位置 D:\Mydb 并选定 STUDAT.MDF 和 STULOG.LDF 两个文件进行复制，然后粘贴至目的位置。

2. 将在实验 3 中创建的学生信息数据库 Student 移动至 E:\Mytest 下。

根据题意分析，可选择数据库分离和附加的方法实现。

提示：将 STUDAT.MDF 和 STULOG.LDF 两个文件复制并粘贴至 E:\Mytest 下（参考实验内容 1 的操作提示），然后启动 SQL Server 服务器，在企业管理器中删除数据库 Student。右击"数据库"文件夹并选择"所有任务"→"附加数据库"命令，在弹出的"附加数据库"对话框中指定要附加数据库的 MDF 文件，如图 4.1 所示。单击"确定"按钮执行附加操作。

图 4.1 "附加数据库"对话框

3. 用企业管理器创建备份设备 STUBACK1（物理位置为 D:\Mydb）。

4. 将学生信息数据库 Student 备份至 STUBACK1 设备中。

5. 为学生信息数据库 Student 设置一个备份计划，要求在每周星期五的晚上 8 点进行数据库备份。

提示：进行备份时，在弹出的"SQL Server 备份"对话框中按图 4.2 所示进行设置。选中"调度"复选项并单击 按钮，弹出"编辑调度"对话框，如图 4.3 所示。在此对话框中选中"反复出现"单选项并单击"更改"按钮，弹出"编辑反复出现的作业调度"对话框，在此对话框中设置备份的发生频率、每日频率、持续时间等参数，如图 4.4 所示。

6. 查看备份设备 STUBACK1 的相关信息。

7. 删除备份设备 STUBACK1。

8. 将 SQL Server 的 Northwind 示例数据库复制到 D:\Mydb 下，然后将 Northwind 数据库附加为 Mytest_db1 数据库并进行备份，最后进行还原。

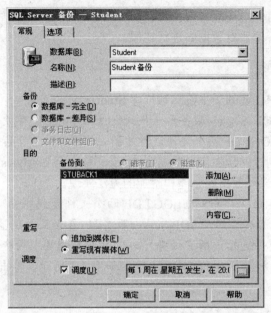

图 4.2　在"SQL Server 备份"对话框中设置"调度"

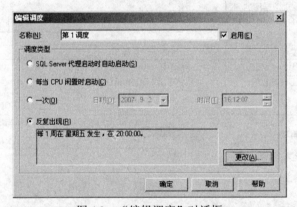

图 4.3　"编辑调度"对话框

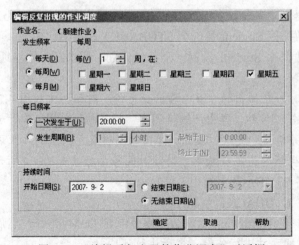

图 4.4　"编辑反复出现的作业调度"对话框

要求用户根据自己确定的备份内容选择相关参数，并将参数项填入下列横线处。

（1）备份类型：_____。

（2）备份设备和备份位置：_____。

（3）备份策略：_____。

（4）设置一个备份计划：_____。

（5）还原模型：_____。

（6）还原顺序：_____。

提示：此题的操作可参照教材中的例 2.12 进行。

9．查看实验内容 8 中创建的备份设备内容。

四、实验思考

1．当用户对已经创建好的数据库进行分离后，发现在企业管理器中该数据库的名称已经不存在了，此时是否可以认为该数据库不存在了呢？为什么？

2．当 SQL Server 服务器正在运行时，用户需要将自己创建好的数据库拷贝带走，应该如何操作？

3．假设已经进行了"数据库—完全"备份，其后每两小时对所属的事务日志文件进行一次备份。在进行数据还原操作时，是否每次都需要按"先数据库完全还原，再事务日志还原"的顺序进行？

实验 5　数据表的创建和管理

一、实验目的

1．了解 SQL Server 数据表的构成。

2．掌握在企业管理器中创建、修改和删除数据表的操作方法。

3．学会使用 Transact-SQL 语言创建、修改和删除数据表。

4．掌握在企业管理器中创建、修改和删除记录的操作方法。

5．学会使用 Transact-SQL 语言添加、修改和删除记录。

二、实验准备

1．了解创建、修改和删除数据表的常用方法。

2．根据实际需要定义好要创建的数据表中列的数据类型。了解哪些列允许空值，是否要使用以及何时使用约束、默认设置或规则。

3．了解添加、修改和删除记录的常用方法。

三、实验内容及步骤

1．在企业管理器中创建数据表。

（1）向学生数据库 Student_db 中添加学生信息 St_Info 表，表结构和表记录如图 5.1 和图 5.2 所示。

图 5.1　学生信息 St_Info 表的表结构

St_ID	St_Name	St_Sex	Born_Date	Cl_Name	Telephone	Address	Resume
0603060108	徐文文	男	1987-12-10	材料科学0601班	<NULL>	湖南省长沙市韶山北路	<NULL>
0603060109	黄正刚	男	1987-12-26	材料科学0601班	<NULL>	贵州省平坝县夏云中学	<NULL>
0603060110	张红飞	男	1988-3-29	材料科学0601班	<NULL>	河南省焦作市西环路26号	<NULL>
0603060111	曾莉娟	女	1987-5-13	材料科学0601班	<NULL>	湖北省天门市多宝镇公益村六组	<NULL>
2001050105	邓红艳	女	1986-7-3	法学0501	<NULL>	广西桂林市兴安县溶江镇司门街	<NULL>
2001050106	金萍	女	1984-11-6	法学0502	<NULL>	广西桂平市社坡福和11队	<NULL>
2001050107	吴中华	男	1985-4-10	法学0503	<NULL>	河北省邯郸市东街37号	<NULL>
2001050108	王铭	男	1987-9-9	法学0504	<NULL>	河南省上蔡县大路李乡涧沟王村	2003年获县级三好学生
2001060103	郑远月	男	1986-6-18	法学0601	8837342	湖南省邵阳市一中	2003年获市级三好学生
2001060104	张力明	男	1987-8-29	法学0602	8834123	安徽省太湖县北中镇桐山村	<NULL>
2001060105	张好然	女	1988-4-19	法学0603	6634234	北京市西城区新街口外大街34号	<NULL>
2001060106	李娜	女	1988-10-21	法学0604	13518473581	重庆市黔江中学	<NULL>
2602060105	杨平娟	女	1988-5-20	口腔(七)0601班	<NULL>	北京市西城区复兴门内大街97号	<NULL>
2602060106	王小维	男	1987-12-11	口腔(七)0601班	<NULL>	泉州泉秀花园西区十二幢	<NULL>
2602060107	刘小玲	女	1988-5-20	口腔(七)0601班	<NULL>	厦门市前埔二里42号0306室	<NULL>
2602060108	何邵阳	男	1987-6-1	口腔(七)0601班	<NULL>	广东省韶关市广东北江中学	<NULL>

图 5.2　学生信息 St_Info 表的表记录

（2）向学生数据库 student_db 中添加课程信息 C_Info 表，表结构和表记录如图 5.3 和图 5.4 所示。

图 5.3　课程信息 C_Info 表的表结构

C_No	C_Name	C_Type	C_Credit	C_Des
19010122	艺术设计史	选修	4	<NULL>
20010051	民法学	必修	8	<NULL>
29000011	体育	必修	4	<NULL>
9710011	大学计算机基础	必修	2	<NULL>
9710021	VB程序设计基础	必修	3	<NULL>
9710031	数据库应用基础	必修	3	<NULL>
9710041	C语言程序设计基	必修	3	<NULL>
9720013	大学计算机基础实	实践	1	<NULL>
9720033	数据库应用基础实	实践	1	本实践是在学完《数据库技术与应用》课
9720043	C语言程序课程设	实践	2	<NULL>
*				

图 5.4　课程信息 C_Info 表的表记录

（3）向学生数据库 student_db 中添加学院信息 D_Info 表，表结构和表记录如图 5.5 和图 5.6 所示。

	列名	数据类型	长度	允许空
▶	D_ID	char	2	
	D_Name	varchar	30	

图 5.5　学院信息 D_Info 表的表结构

图 5.6　学院信息 D_Info 表的表记录

完成以上操作后，根据创建的数据表在下列横线处填入相关数据。

① 学生信息 St_Info 表的主键名是：＿＿＿＿＿＿＿＿＿＿＿＿＿＿＿＿＿＿＿＿。

② 学生信息 St_Info 表中不允许为空的字段有：＿＿＿＿＿＿＿＿＿＿＿＿＿＿＿＿。

③ 学生信息 St_Info 表中的 Born_Date 字段是＿＿＿＿＿＿＿类型，其宽度由＿＿＿＿设定。

④ 课程信息 C_Info 表中的 C_Credit 字段是 smallint 类型，其宽度为＿＿＿＿字节。

2. 在查询分析器中使用 CREATE TABLE 命令创建数据表。

（1）阅读下列语句，语句中的 S_NO 表示学生学号，NAME 表示学生名称，AGE 表示学生年龄，然后在查询窗口中输入：

```
CREATE TABLE Student
( S_NO CHAR(7)   PRIMARY KEY(S_NO),
     NAME CHAR(10),
     AGE SMALLINT CHECK(AGE BETWEEN 15 AND 20))
```

执行上述语句后，在下列横线处填入相关数据。

① 创建的数据表的表名是：＿＿＿＿＿＿＿＿＿＿＿＿＿＿＿＿＿＿＿＿＿。

② 数据表的主键名是：＿＿＿＿＿＿＿＿＿＿＿＿＿＿＿＿＿＿＿＿＿＿＿。

③ AGE 列的数据类型是：_____。

④ 语句 CHECK(AGE BETWEEN 15 AND 20)表示_____。

（2）阅读下列语句，语句中的 St_ID 表示学生号，C_NO 表示课程号，Score 表示所修课程的成绩，然后在查询窗口中输入：

```
CREATE TABLE S_C_Info
( St_ID CHAR(10) NOT NULL,
  C_NO CHAR(10) NOT NULL,
    Score INT NULL,
    PRIMARY KEY(St_ID, C_NO),
    FOREIGN KEY(St_ID) REFERENCES St_Info(St_ID),
  FOREIGN KEY(C_NO) REFERENCES C_Info(C_NO) )
```

完成上机操作后，在下列横线处填入相关数据。

① 数据表 S_C_Info 的主键名是：_____。

② Score 列的数据类型是：_____。

③ 语句 FOREIGN KEY(St_ID) REFERENCES St_Info(St_ID)表示_____。

3．在企业管理器中将实验内容 2（2）中创建的 S_C_Info 数据表的记录输入，记录内容如图 5.7 所示。

St_ID	C_No	Score
0603060108	9710041	67
0603060109	9710041	78
0603060110	9710041	52
0603060111	9710041	99
2001050105	9710011	88
2001050105	9720013	90
2001050106	9710011	89
2001050106	9720013	93
2001050107	9710011	76
2001050107	9720013	77
2001050108	9710011	66
2001050108	9720013	88
2602060105	29000011	77
2602060106	29000011	97
2602060107	29000011	92
2602060108	29000011	83

图 5.7　选课信息 S_C_Info 表的表记录

4．在企业管理器中修改和删除记录。

（1）将学生信息 St_Info 表中学号为 2001050108 的记录删除。

（2）将课程信息 C_Info 表中"民法学"的学分修改为 7 学分。

5．将下列语句在查询分析器中完成上机操作后，在下列横线处填入相关数据。

（1）

```
INSERT INTO St_Info
    VALUES ( '2001050109', '杨柳', '女', '1988-12-12', '法学 0503', null, null, null)
```

这个语句的功能是：_____。

（2）

```
UPDATE St_Info
    SET CL_Name='计算机科学 0601'
```

　　　　　　WHERE St_ID='0603060109'

这个语句的功能是：_____。

6. 在企业管理器和查询分析器中分别实现如下操作：

（1）在 S_C_Info 表中添加一个新列：修课类别，列名为 xklb，类型为 char(4)。

（2）将 C_Info 表中的 C_Credit 列的类型修改为 tinyint。

（3）将 S_C_Info 表中新添加的列 xklb 的类型改为 char(6)。

四、实验思考

1. 在企业管理器中能否对数据表更名？

2. 在企业管理器中能否对数据表进行复制？复制的内容和方法是什么？

3. 在数据库中，取 NULL 值与取零值的含义相同吗？如果不同，它们的区别是什么？

4. 在企业管理器中使多列作主键时应如何操作？

实验 6　数据完整性设置

一、实验目的

1. 掌握用企业管理器创建关系图的方法。

2. 掌握用企业管理器和 CREATE TABLE 语句创建主键约束、唯一性约束和 NOT NULL 约束的方法。

3. 掌握用企业管理器和 CREATE TABLE 语句创建 CHECK 约束和 DEFAULT 约束的方法。

4. 掌握用企业管理器删除约束的方法。

二、实验准备

1. 了解关系图的概念。

2. 了解数据完整性概念。

3. 了解约束的类型和创建约束、删除约束的语法。

三、实验内容及步骤

1. 使用企业管理器在数据库 student_db 中创建 StCSCD 关系图。关系图由实验 5 中创建的学生信息 St_Info 表、课程信息 C_Info 表、选课信息 S_C_Info 表组成，如图 6.1 所示。

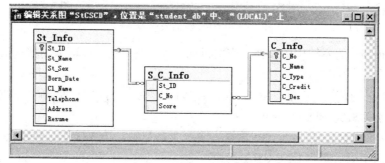

图 6.1　StCSCD 关系图

提示：创建 StCSCD 关系图之前必须先创建好 St_Info 表和 C_Info 表的主键。

2．按以下步骤，使用企业管理器在 student_db 数据库表中创建一个 CHECK 约束，限制输入的数据为 7 位 0～9 的数字。

（1）复制 St_Info 表并命名为 St_phone，St_phone 表的表结构如图 6.2 所示。

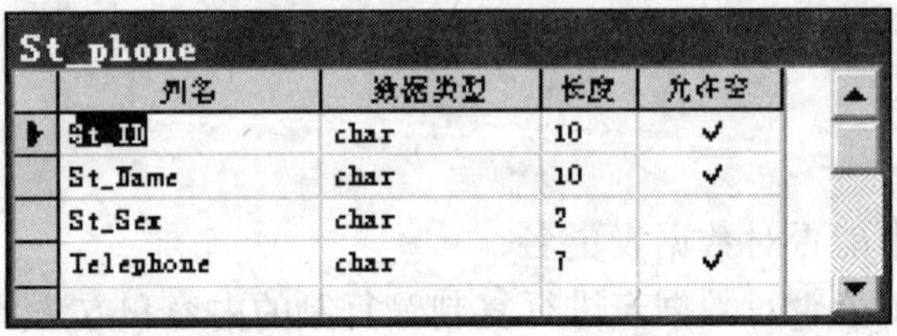

St_phone			
列名	数据类型	长度	允许空
St_ID	char	10	✔
St_Name	char	10	✔
St_Sex	char	2	
Telephone	char	7	✔

图 6.2　St_phone 表的表结构

提示：① 打开关系图 StCSCD 并右击，从快捷菜单中选择"新建表"命令或在数据库关系图的工具栏上单击"新建表"按钮，创建表 St_phone。

② 在关系图中选择要复制的表 St_Info 中所需的列并单击工具栏上的"复制"按钮，该操作将复制 St_Info 表中的选定内容并将列及其当前属性集一起放到剪贴板上。

③ 将光标定位在 St_phone 表中要插入列的位置，单击工具栏上的"粘贴"按钮，该列及其属性即插入到新位置。

注意：当复制 Telephone 字段时其长度为 10，粘贴后将长度修改为 7。

（2）创建一个 CHECK 约束 CK_st_phone，限制所输入的数据为 7 位 0～9 的数字。

提示：① 创建 CHECK 约束 chk_phone 的表达式为：

telephone like '[0-9][0-9][0-9][0-9][0-9][0-9][0-9]'

② 在 St_phone 表中输入记录，电话号码分别为 86701120 和 8670112a，检验 CHECK 约束的有效性。

3．在 St_phone 表的"性别"列中创建一个 CHECK 约束 CK_sex_phone，以保证输入的性别值只能是"男"或"女"。

提示：在列"属性"对话框的"CHECK 约束"选项卡中新建 CHECK 约束后，生成的约束名为 CK_st_phone_1，输入约束表达式后再将约束名 CK_st_phone_1 修改为 CK_sex_phone。

4．删除 CK_sex_phone 约束。

5．在 student_db 数据库中建立日期、货币和字符等数据类型的 DEFAULT 约束。

（1）在 student_db 数据库中创建 stu_fee 数据表，表结构如图 6.3 所示。

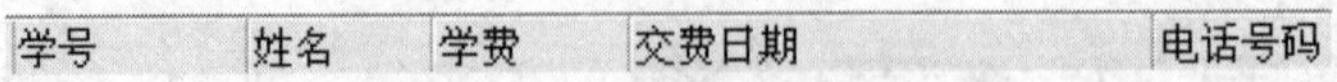

学号	姓名	学费	交费日期	电话号码

图 6.3　stu_fee 数据表的表结构

（2）在 stu_fee 的表结构中选择"交费日期"列，在"列"选项卡的默认值输入框中文本 1992-1-1。

（3）参照以上操作，在 stu_fee 的表结构中为"学费"列和"电话号码"列创建 DEFAULT 约束，其值分别为 $100 和 unknown。

（4）在企业管理器中对 stu_fee 数据表输入 3 条记录，输入操作时观察 stu_fee 表的数据变化情况，操作完成后删除 DEFAULT 约束。

6．用企业管理器在 student_db 数据库中创建表 st_c，数据结构如图 6.4 所示。

列名	数据类型	长度	允许空
St_ID	char	4	
St_Name	varchar	8	
St_Sex	char	2	
Born_Date	datetime	8	✓

图 6.4 st_c 表的数据结构

要求：

（1）将 St_ID 设置为主键，主键名为：______________________。

（2）为 St_Name 创建唯一性约束（UNIQUE），约束名为 uk_stname。

（3）设置 Born_Date 允许空。

（4）为表 st_c 插入以下记录：

0011 王芳 1990-2-10

0012 王芳 1989-8-5

观察出现的情况并确定产生的原因。

7．在 student_db 数据库中用 CREATE TABLE 语句创建表 stu_con 及其约束。

（1）在创建表的同时创建约束。表 stu_con 的数据结构如图 6.5 所示。

列名	数据类型	长度
学号	char	4
姓名	char	8
性别	char	2
出生日期	datetime	8
家庭住址	varchar	50

图 6.5 stu_con 表的数据结构

约束要求如下：

①将学号设置为主键（PRIMARY KEY），主键名为 pk_sid。

②为姓名添加唯一约束（UNIQUE），约束名为 uk_name。

③为性别添加默认约束（DEFAULT），默认名为 df_sex，值为“男”。

④为出生日期添加属性值约束（CHECK），约束名为 ck_bday，检查条件为“出生日期>'1988-1-1'”。

（2）在 stu_con 表中插入以下数据记录：

学号	姓名	性别	出生日期	家庭住址
0009	张小东		1989-4-6	
0010	李梅	女	1983-8-5	
0011	王强		1988-9-10	
0012	王强		1989-6-3	

分析各约束在插入记录时所起的作用，查看插入记录后表中的数据与所插入的数据是否一致？

（3）使用 ALTER TABLE 语句的 DROP CONSTRAINT 参数项在查询分析器中删除为 stu_con 表所建的约束。

四、实验思考

1. 实体完整性和域完整性分别是对数据库的哪些方面进行保护？

2. 在数据库中，主键是唯一的吗？如果新输入的记录主键和原来的主键重复会出现什么后果？

3. 实现参照完整性有什么意义？假设存在学生信息表 Student(s_no,s_name,age,d_no)和院系信息表 dept(d_no,d_name,address,tel)，为什么要确保 Student 表中的 d_no 列的取值参照 dept 表的 d_no 列？

实验 7　基本查询

一、实验目的

1. 掌握数据查询的概念和查询语句的执行方法。
2. 掌握简单查询和条件查询的查询方法。
3. 掌握查询结果的处理方法。
4. 掌握嵌套查询的查询方法。
5. 掌握等值内连接的查询方法

二、实验准备

1. 复习数据查询的概念和查询语句的一般格式。
2. 复习查询条件的表示方法。
3. 了解查询结果的各种实现方法。

三、实验内容及步骤

1. 根据题目要求，在下列横线处填入适当内容，实现相关操作或回答相关问题。

（1）在数据库 student_db 的数据表 C_Info 中查询所有课程信息，查询结果集如图 7.1 所示。

```
SELECT  *  _____  C_Info
```

	C_No	C_Name	C_Type	C_Credit	C_Des
1	19010122	艺术设计史	选修	4	NULL
2	20010051	民法学	必修	8	NULL
3	29000011	体育	必修	4	NULL
4	9710011	大学计算机基础	必修	2	NULL
5	9710021	VB程序设计基础	必修	3	NULL
6	9710031	数据库应用基础	必修	3	NULL
7	9710041	C语言程序设计基础	必修	3	NULL
8	9720013	大学计算机基础实践	实践	1	NULL
9	9720033	数据库应用基础实践	实践	1	本实践是在学完《数据库技术与应用》i
10	9720043	C语言程序课程设计	实践	2	NULL

图 7.1　实验内容 1（1）的查询结果集

（2）查询全体学生的姓名、出生年份和所在班级的信息，其查询结果集如图 7.2 所示。

SELECT St_name AS 姓名，_____(Born_Date) AS 出生年份，Cl_Name AS 班级
FROM St_info

（3）查询 1988 年以后出生的学生的姓名及其年龄，其查询结果如图 7.3 所示。

SELECT St_name AS 姓名，Year(getdate())-Year(Born_date) AS 年龄
FROM St_info
WHERE _____

	姓名	出生年份	班级
1	徐文文	1987	材料科学0601班
2	黄正刚	1987	材料科学0601班
3	张红飞	1988	材料科学0601班
4	曾莉娟	1987	材料科学0601班
5	邓红艳	1986	法学0501
6	金萍	1984	法学0502
7	吴中华	1985	法学0503
8	王铭	1987	法学0504
9	郑远月	1986	法学0601
10	张力明	1987	法学0602
11	张好然	1988	法学0603
12	李娜	1988	法学0604
13	杨平娟	1988	口腔（七）0601班
14	王小维	1987	口腔（七）0601班
15	刘小玲	1988	口腔（七）0601班
16	何部阳	1987	口腔（七）0601班

	姓名	年龄
1	张红飞	19
2	张好然	19
3	李娜	19
4	杨平娟	19
5	刘小玲	19

图 7.2 实验内容 1（2）的查询结果集　　　图 7.3 实验内容 1（3）的查询结果集

（4）查询考试成绩在 85 分以上的学生的学号。

SELECT DISTINCT St_ID FROM S_C_info WHERE Score>85

语句中的 DISTINCT 表示：_____。

SELECT St_ID FROM S_C_info WHERE Score>85

以上两条语句的区别是：_____。

（5）对 S_C_info 表列出成绩在 70～80 之间的学生名单。

SELECT * FROM S_C_info WHERE Score BETWEEN 70 AND 80

这条语句的等价语句是：_____。

（6）查询所有姓王的学生的姓名、学号和性别。

SELECT St_name, St_ID, St_sex
FROM St_Info
WHERE St_name LIKE _____

（7）查询选修了课程号为 9710011 的课程的学生的学号和成绩，并按分数降序排列。

SELECT St_ID, Score
FROM S_C_info
WHERE C_NO=
_____

（8）使用合并查询列出 C_Info 表中"艺术设计史"或"民法学"的课程代码、课程类型和学分。

SELECT C_NO, C_Type, C_credit FROM C_Info WHERE C_name='艺术设计史'
_____

SELECT C_no, C_Type, C_credit FROM C_Info WHERE C_name='民法学'

（9）查询全体学生的情况，查询结果按学号升序排列，结果存入新表 NEW 中并浏览该表。

SELECT * INTO new

FROM St_Info

_____

SELECT * FROM new

（10）对 St_Info 表，分别统计各班级的学生人数，其查询结果集如图 7.4 所示。

SELECT _____

FROM St_Info

GROUP BY Cl_Name

（11）对 S_C_Info 表中选修了课程编号为 29000011 的体育课的学生的平均成绩生成汇总行和明细行，其查询结果集如图 7.5 所示。

SELECT St_ID, Score

FROM S_C_Info

WHERE C_No = '29000011'

COMPUTE _____

	班级名	人数
1	材料科学0601班	4
2	法学0501	1
3	法学0502	1
4	法学0503	1
5	法学0504	1
6	法学0601	1
7	法学0602	1
8	法学0603	1
9	法学0604	1
10	口腔(七)0601班	4

	St_id	Score
1	2602060105	77
2	2602060106	97
3	2602060107	92
4	2602060108	83
	avg	
1	87	

图 7.4　实验内容 1（10）的查询结果集　　　　图 7.5　实验内容 1（11）的查询结果集

2．根据下列内容写出 SELECT 语句，上机操作完成基本查询。

（1）在数据库 student_db 的数据表 St_Info 中查询全体学生的所有信息。

（2）在数据库 student_db 的数据表 St_Info 中查询每个学生的学号、姓名、出生日期信息。

（3）查询学号为 2001050108 的学生的姓名和家庭住址。

（4）找出所有男同学的学号和姓名。

（5）查询 St_Info 表中班级名为"材料科学 0601 班"的学生的学号、姓名、班级名。

（6）查询 C_Info 表中学分数为 3 和 4 的课程信息。

（7）统计 S_C_Info 表中每门课程的平均成绩，要求显示课程编号和平均成绩。

（8）查询所有姓张的学生的学号、姓名、性别和出生日期。

3．上机完成下列语句的操作，观察输出结果。

（1）SELECT COUNT(*) FROM S_C_Info

（2）SELECT SUBSTRING(St_Name,1,1) FROM St_Info

（3）SELECT Year(Getdate()), Month(Getdate()), Day(Getdate())

四、实验思考

1．使用下列语句查询年龄最大的学生的姓名和年龄时系统报错，为什么？

SELECT St_Name, MAX(year(getdate())-Year(Born_Date))

FROM St_Info

2．使用下列语句查询修课成绩最高的学生学号时系统报错，为什么？

```
SELECT St_ID
    FROM S_C_Info
    WHERE Score=MAX(Score)
```

实验 8　嵌套查询

一、实验目的

1．理解数据库嵌套查询的概念与作用。

2．掌握数据查询中 IN、ANY、SOME 和 ALL 等操作符的使用方法。

二、实验准备

1．复习嵌套查询的概念与作用。

2．了解 IN、ANY、SOME 和 ALL 等操作符的功能与使用方法。

三、实验内容及步骤

1．阅读语句，上机完成查询操作。

（1）在表 St_info 中查找与杨平娟在同一个班级学习的学生的信息。

```
SELECT * FROM St_info
WHERE Cl_name=
    (SELECT Cl_name FROM St_info
    WHERE St_name='杨平娟')
```

（2）使用 IN 子查询查找选修了课程名为"体育"的学生的学号和成绩。

```
SELECT St_ID, Score
FROM S_C_info
WHERE C_No IN
    (SELECT C_No FROM C_info
    WHERE C_name='体育')
```

（3）查询选修了课程编号为 9710011 和 9710041 的课程的学生的学号和姓名。

```
SELECT St_ID, St_name
FROM St_info
WHERE St_ID IN
    (SELECT St_ID FROM S_C_info
    WHERE C_NO IN ('9710011', '9710041'))
```

2．在下列横线处填入适当内容，完善语句并实现相应功能。

（1）查询成绩高于 90 分的学生的学号和姓名，查询结果集如图 8.1 所示。

```
SELECT St_ID, St_Name
FROM St_Info
WHERE St_ID _____
    (SELECT St_ID FROM _____
    WHERE Score>=90)
```

	St_ID	St_Name
1	0603060111	曾莉娟
2	2001050105	邓红艳
3	2001050106	金萍
4	2602060106	王小维
5	2602060107	刘小玲

图 8.1　实验内容 2（1）的查询结果集

（2）查询选修了学分数为 3 的课程的学生的学号、课程编号、成绩信息，查询结果集如图 8.2 所示。

```
SELECT St_ID, C_No, Score
FROM S_C_Info
WHERE _____ IN
    ( SELECT C_No FROM C_Info
        WHERE _____ )
```

	St_ID	C_No	Score
1	0603060108	9710041	67
2	0603060109	9710041	78
3	0603060110	9710041	52
4	0603060111	9710041	99
5	2001050105	9710041	90

图 8.2　实验内容 2（2）的查询结果集

（3）查询其他班级中比"材料科学 0601 班"的学生年龄都大的学生姓名和年龄，查询结果集如图 8.3 所示。

```
SELECT   St_name, Year(Getdate())-Year(Born_date) AS '年龄'
FROM St_info
WHERE _____
    (SELECT Year(Getdate())-Year(Born_date)
    FROM St_info
    WHERE Cl_name='材料科学 0601 班')
```

	St_name	年龄
1	邓红艳	21
2	金萍	23
3	吴中华	22
4	郑远月	21

图 8.3　实验内容 2（3）的查询结果集

（4）列出选修 9710041（即"C 语言程序设计基础"）的学生的成绩比选修 29000011（即"体育"）的学生的最低成绩高的学生的学号和成绩，查询结果集如图 8.4 所示。

```
SELECT St_id, score
FROM S_C_info
WHERE _____
    (SELECT Score
    FROM S_C_info
    WHERE C_NO='29000011')
```

	St_id	score
1	0603060109	78
2	0603060111	99

图 8.4　实验内容 2（4）的查询结果集

（5）查询没有选修 9710041 号课程的学生姓名和所在班级，查询结果集如图 8.5 所示。

```
SELECT St_Name, Cl_Name
FROM St_Info
WHERE _____
    (SELECT St_ID FROM S_C_info
    WHERE C_NO='9710041')
```

（6）查询所有姓王的学生所修课程的成绩，查询结果集如图 8.6 所示。

```
SELECT C_No, Score
FROM S_C_Info
WHERE _____ IN
    ( SELECT St_ID FROM St_Info
    WHERE St_Name LIKE _____ )
```

	St_Name	Cl_Name
1	邓红艳	法学0501
2	金萍	法学0502
3	吴中华	法学0503
4	王铭	法学0504
5	郑远月	法学0601
6	张力明	法学0602
7	张好然	法学0603
8	李娜	法学0604
9	杨平娟	口腔（七）0601班
10	王小维	口腔（七）0601班
11	刘小玲	口腔（七）0601班
12	何郎阳	口腔（七）0601班

图 8.5　实验内容 2（5）的查询结果集

	C_No	Score
1	9710011	66
2	9720013	88
3	29000011	97

图 8.6　实验内容 2（6）的查询结果集

四、实验思考

1. 查询选修了全部课程的学生的姓名。
2. 查询与"口腔（七）0601 班"所有学生的年龄均不同的学生学号、姓名和年龄。
3. 求选修了学号为 2001050105 的学生所选修的全部课程的学生学号和姓名。
4. 查询每个学生的课程成绩最高的成绩信息。
5. 列出学号为 2001050108 的学生的分数比学号为 2001050105 的学生的最低分数高的课程编号和分数。

实验 9　多表联接查询和综合查询

一、实验目的

1. 理解数据库多表查询的概念与作用。
2. 掌握多表联接查询的方法。
3. 掌握各种形式的查询方法。

二、实验准备

1. 复习多表联接查询的概念与作用。
2. 了解多表联接查询的种类、区别与实现方法。

三、实验内容及步骤

1. 写出语句，上机完成查询操作。

（1）使用多表联接查询分数在 80～90 范围内的学生的学号、姓名和分数，查询结果集如图 9.1 所示。

（2）使用多表联接查询选修"C 语言程序设计基础"课程的学生的学号、姓名和分数，查询结果集如图 9.2 所示。

	St_ID	St_name	Score
1	2001050105	邓红艳	88
2	2001050105	邓红艳	90
3	2001050206	金萍	89
4	2001050408	王铭	88
5	2602060108	何部阳	83

图 9.1　实验内容 1（1）的查询结果集

	St_ID	St_name	Score
1	0603060108	徐文文	67
2	0603060109	黄正刚	78
3	0603060110	张红飞	52
4	0603060111	曾莉娟	99

图 9.2　实验内容 1（2）的查询结果集

（3）查询所有课程的不及格成绩单，要求给出学生的学号、姓名、课程名称和成绩，查询结果集如图 9.3 所示。

	St_ID	St_Name	C_Name	Score
1	0603060110	张红飞	C语言程序设计基础	52

图 9.3　实验内容 1（3）的查询结果集

2．在下列横线处填入适当内容，完善语句并实现相应功能。

（1）查询法学专业的学生学号、姓名、课程名称和成绩，并按学号升序排序，查询结果集如图 9.4 所示。

```
SELECT st.St_ID, St_Name, C_Name, Score
FROM St_Info st JOIN S_C_Info sc ON _____
        JOIN C_Info c ON sc.C_NO=c.C_No
WHERE    Cl_Nname LIKE _____
ORDER BY st.St_ID
```

	St_ID	St_Name	C_Name	Score
1	2001050105	邓红艳	大学计算机基础	88
2	2001050105	邓红艳	大学计算机基础实践	90
3	2001050105	邓红艳	C语言程序设计基础	90
4	2001050106	金萍	大学计算机基础实践	93
5	2001050106	金萍	大学计算机基础	89
6	2001050107	吴中华	大学计算机基础	76
7	2001050107	吴中华	大学计算机基础实践	77
8	2001050108	王铭	大学计算机基础实践	88
9	2001050108	王铭	大学计算机基础	66

图 9.4　实验内容 2（1）的查询结果集

（2）查询每门课程的课程名称和最高分，查询结果集如图 9.5 所示。

```
SELECT C_Name AS  课程名称, _____ AS  最高分
FROM S_C_Info sc JOIN C_Info c ON _____
GROUP BY C_Name
```

（3）将 C_Info 表左外联接 S_C_Info 表。

```
SELECT a.C_NO,a.C_Name, b.St_ID,b.Score
FROM C_Info _____
    S_C_Info b ON a.C_NO= b.C_NO
```

（4）将 C_Info 表右外联接 S_C_Info 表。

```
SELECT a.C_NO, a.C_Name,b.St_ID, b.Score
FROM C_Info _____
    S_C_Info b ON a.C_NO = b.C_NO
```

	课程名称	最高分
1	C语言程序设计基础	99
2	大学计算机基础	89
3	大学计算机基础实践	93
4	体育	97

图 9.5　实验内容 2（2）的查询结果集

（5）将 C_Info 表全外联接 S_C_Info 表。

```
SELECT C_Info.C_NO, C_Name,S_C_Info.C_NO, S_C_Info.Score
FROM C_Info _____
    S_C_Info ON C_Info.C_NO = S_C_Info.C_NO
```

3．查询所有必修课程的课程号、课程名称、学分及选修学生的姓名和分数。

4．查询每个学生所选课程的最高成绩，要求列出学号、姓名、课程编号和分数。

5．查询所有学生的总成绩，要求列出学号、姓名、总成绩，没有选修课程的学生的总成绩为空。

6．查询所有男同学的选课情况，要求列出学号、姓名、课程名称和分数。

四、实验思考

如何查询"大学计算机基础"课程考试成绩前三名的学生的姓名和成绩？

实验 10　创建数据库的索引和视图

一、实验目的

1．学会使用企业管理器和 Transact-SQL 语句 CREATE INDEX 创建索引。
2．学会使用企业管理器查看索引。
3．学会使用企业管理器和 Transact-SQL 语句 DROP INDEX 删除索引。
4．掌握使用企业管理器和 Transact-SQL 语句 CREATE VIEW 创建视图的语法。
5．掌握使用 Transact-SQL 语句 ALTER VIEW 修改视图的语法。

二、实验准备

1．了解聚集索引和非聚集索引的概念。
2．了解使用 Transact-SQL 语句 CREATE INDEX 创建索引的语法。
3．了解使用企业管理器创建索引的步骤。
4．了解使用 Transact-SQL 语句 DROP INDEX 删除索引的用法。
5．了解创建视图的 Transact-SQL 语句 CREATE VIEW 的语法格式及用法。
6．了解修改视图的 Transact-SQL 语句 ALTER VIEW 的语法格式及用法。
7．了解删除视图的 Transact-SQL 语句 DROP VIEW 的语法格式及用法。

三、实验内容及步骤

1．在查询分析器中使用 Transact-SQL 语句 CREATE INDEX 创建索引。

（1）为 student_db 数据库中 S_C_Info 表的成绩 Score 字段创建一个非聚集索引，命名为 Score_index。

   CREATE INDEX Score_index ON S_C_Info(Score)

（2）为 student_db 数据库中 S_C_Info 表的学号 St_ID 和课程编号 C_No 字段创建一个复合唯一索引，命名为 SC_id_c_ind。

   CREATE UNIQUE INDEX SC_id_c_ind ON S_C_Info (St_ID, C_No)

2．在查询分析器中查看所建的索引 Score_index 和 SC_id_c_ind，如图 10.1 所示。

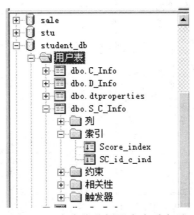

图 10.1　在查询分析器中查看索引

3．使用企业管理器的"向导"工具为 S_C_Info 表创建一个聚集索引和唯一索引。

4．使用 Transact-SQL 语句 DROP INDEX 删除索引 SC_id_c_ind，再次使用查询分析器查看 S_C_Info 表上的索引信息。

> DROP INDEX S_C_Info.SC_id_c_ind

5．使用企业管理器创建视图。

（1）在 student_db 数据库中以 St_Info 表为基础建立名为 v_stu_i 的视图，使视图显示学生的姓名、性别、家庭住址，如图 10.2 所示。

姓名	性别	家庭住址
徐文文	男	湖南省长沙市韶山北路
黄正刚	男	贵州省平坝县夏云中学
张红飞	男	河南省焦作市西环路26号
曾莉娟	女	湖北省天门市多宝镇公益村六组
邓红艳	女	广西桂林市兴安县溶江镇司门街
金萍	女	广西桂平市社坡福和11队
吴中华	男	河北省邯郸市东街37号
王铭	男	河南省上蔡县大路李乡涧沟王村
郑远月	男	湖南省邵阳市一中
张力明	男	安徽省太湖县北中镇桐山村
张好然	女	北京市西城区新街口外大街34号
李娜	女	重庆市黔江中学
杨平娟	女	北京市西城区复兴门内大街97号
王小维	男	泉州泉秀花园西区十二幢
刘小玲	女	厦门市前埔二里42号0306室
何邵阳	男	广东省韶关市广东北江中学

图 10.2　v_stu_i 视图的结果集

（2）基于表 St_Info 和表 C_Info 建立一个名为 v_stu_c 的视图，显示学生的学号、姓名、所学课程。

（3）基于表 St_Info、表 C_Info 和表 S_C_Info 建立一个名为 v_stu_g 的视图，视图中有所有学生的学号、姓名、课程名称、成绩，如图 10.3 所示。

6．使用视图 v_stu_g 查询学号为 2001050408 的学生的所有课程和成绩，查询结果集如图 10.4 所示。

学号	姓名	课程名称	成绩
0603060108	徐文文	C语言程序设计基础	67
0603060109	黄正刚	C语言程序设计基础	78
0603060110	张红飞	C语言程序设计基础	52
0603060111	曾莉娟	C语言程序设计基础	99
2001050105	邓红艳	大学计算机基础	88
2001050105	邓红艳	大学计算机基础实践	90
2001050206	金萍	大学计算机基础	89
2001050206	金萍	大学计算机基础实践	93
2001050307	吴中华	大学计算机基础	76
2001050307	吴中华	大学计算机基础实践	77
2001050408	王铭	大学计算机基础	66
2001050408	王铭	大学计算机基础实践	88
2602060105	杨平娟	体育	77
2602060106	王小维	体育	97
2602060107	刘小玲	体育	92
2602060108	何邵阳	体育	83

图 10.3　v_stu_g 视图的结果集

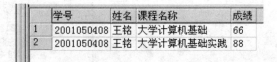

	学号	姓名	课程名称	成绩
1	2001050408	王铭	大学计算机基础	66
2	2001050408	王铭	大学计算机基础实践	88

图 10.4　学号为 2001050408 的学生的查询结果集

7．使用 Transact-SQL 语句为学生信息表 St_info 创建视图 V_Count，统计材料科学 0601 班的男生人数和女生人数，如图 10.5 所示，请补全下列语句。

```
CREATE VIEW V_Count
AS
SELECT_____, COUNT(*)　AS　人数
 FROM　St_info
 WHERE　Cl_name='材料科学 0601 班'
_____St_sex
```

	St_sex	人数
1	男	3
2	女	1

图 10.5　视图 V_Count 的信息

8．请补全下列语句，实现对表 S_C_Info 文件创建视图 v_stu_g 以查询学号为 2001050107 的学生的所有课程和成绩，如图 10.6 所示。

```
CREATE VIEW v_stu_g
AS
SELECT * FROM S_C_Info
WHERE St_ID = _____
```

	St_ID	C_No	Score
1	2001050107	9710011	76
2	2001050107	9720013	77

图 10.6　视图 v_stu_g 的信息

9．使用 Transact-SQL 语句 DROP VIEW 删除已存在的视图 v_stu_c 和 v_stu_g。

10．使用 Transact-SQL 语句 ALTER VIEW 修改视图 v_stu_i，使其具有列名学号、姓名、性别，请在横线处填入合适的内容。

```
ALTER VIEW _____
AS SELECT St_ID,St_Name,St_Sex FROM St_Info
```

四、实验思考

1．是否可以通过视图修改表 S_C_Info 中的数据？

2．通过对视图的操作比较通过视图和基表操作数据的异同。

实验 11　存储过程的创建和使用

一、实验目的

1．了解存储过程的作用。

2．掌握使用企业管理器和 Transact-SQL 语句创建存储过程的方法和步骤。

3．掌握使用企业管理器和 Transact-SQL 语句执行存储过程的方法。

4．掌握使用系统存储过程对用户自定义存储过程进行管理的方法。

二、实验准备

1．了解存储过程的基本概念和分类。

2．掌握通过企业管理器、向导和 Transact-SQL 语句创建存储过程的基本方法。

3．掌握执行、查看、修改（内容和名称）、删除存储过程的基本方法。

4．掌握在存储过程中使用参数的基本方法。

三、实验内容及步骤

存储过程是一系列预先编辑好的、能实现特定数据操作功能的 Transact-SQL 代码集，它与特定的数据库相关联并存储在 SQL Server 服务器上。用户可以像使用自定义函数那样重复

调用这些存储过程，实现其定义的操作。以下实验内容均以教材中所说明的学生数据库 student_db 为例进行操作。

1．在企业管理器中创建一个名为 selectScore 的存储过程，输入如下代码查询所有考试课程成绩优秀（≥90 分）的学生的学号、姓名、课程名称和成绩并按成绩降序排列。

```
CREATE PROCEDURE selectScore AS
SELECT a.St_ID, a.St_Name, b.C_Name, c.Score
FROM St_Info a, C_Info b, S_C_Info c
WHERE a.St_ID = c.St_ID AND    b.C_No    = c.C_No AND c.Score >= 90
ORDER BY c.Score DESC
```

在企业管理器的"存储过程属性"窗口中单击"确定"按钮，查看 student_db 数据库中是否已经创建了存储过程 selectScore。

启动查询分析器，登录数据库服务器后选择学生数据库 student_db，然后在命令窗口中使用 EXECUTE 命令执行存储过程 selectScore 并观察其输出结果。

2．在查询分析器中创建一个名为 studentScore 的带输入参数的存储过程，输入如下代码，实现查询指定学号的学生所选修课程的成绩。

```
CREATE PROCEDURE studentScore @stuID varchar(20) AS
SELECT a.St_Name, b.C_No, b.C_Name, c.Score
FROM St_Info a, C_Info b, S_C_Info c
WHERE a.St_ID = c.St_ID AND    b.C_No = c.C_No AND a.St_ID = @stuID
```

单击查询分析器的"执行查询"按钮完成存储过程的创建。如果创建成功，在输入窗口中清除之前输入的创建存储过程命令，再输入如下包含系统存储过程的命令序列：

```
sp_help studentScore
GO
sp_helptext studentScore
```

观察系统存储过程 sp_help 和 sp_helptext 输出的不同结果，理解系统存储过程的作用。

使用 EXECUTE 命令执行存储过程 studentScore，并分别以参数值 2001050105、0603060109、2602060100 作为其输入参数，观察存储过程的输出结果。

如果存储过程 studentScore 执行时没有提供参数则按默认值查询（假设默认值为空字符串，表示查询所有学号的学生），如何修改该存储过程的定义？

3．在查询分析器中利用 Transact-SQL 语句创建对表 C_Info 进行插入、修改和删除操作的三个存储过程：insertCInfo、updateCInfo、deleteCInfo，实现如下功能：

（1）insertCInfo：将所有字段作为存储过程的输入参数，插入一条新记录。

（2）updateCInfo：将所有字段作为存储过程的输入参数，按课程编号 C_No 修改课程内容。

（3）deleteCInfo：将课程编号 C_No 作为存储过程的输入参数，删除该课程记录。

4．使用 student_db 数据库中的 St_Info 表、C_Info 表、D_Info 表完成如下要求：

（1）创建一个存储过程 getPractise，查询指定院系（名称）中参与"实践"课程学习的所有学生的学号、姓名、所学课程编号和课程名称。

提示：D_Info 表中存储了院系代码和名称，St_Info 表中的学号字段 St_ID 的前两位与之对应；提取 St_ID 的前两位字符可以使用 Transact-SQL 语言中的 LEFT 函数（具体用法通过查询分析器进行查阅或参看有关触发器的实验内容）。

（2）分别执行存储过程 getPractise 查询法学院和材料科学与工程学院的学生参与实践课程学习的所有学生的学号、姓名、所学课程编号和课程名称。

（3）利用系统存储过程 sp_rename 将 getPractise 更名为 getPctStu。

（4）修改存储过程 getPctStu，返回指定院系中参与实践课程学习的学生人次数，并利用不同的输入参数验证存储过程执行的结果。

更进一步地，如果希望让存储过程 getPctStu 返回学生的人数，那么应该如何修改存储过程呢？需要注意的是，"人数"与"人次数"是两个概念，对于某一个学生而言，如果参与了多门实践课程则"人次数"是其课程门数，而"人数"仍然等于1。

（5）修改存储过程 getPctStu，实现如果输入的院系不存在则提示相应的信息且返回过程的状态码值等于-1；否则返回过程的状态码值等于 0。

（6）使用系统存储过程 sp_helptext 查看存储过程的定义文本。

（7）复制 getPctStu 的定义产生一个加密的新的存储过程 getPctStuTemp，并使用 sp_helptext 查看该存储过程的定义观察显示结果。

（8）使用 Transact-SQL 语句 DROP PROCEDURE 删除存储过程 getPctStuTemp。

四、实验思考

1．使用存储过程有什么好处？
2．如何给存储过程赋予使用授权？
3．如果需要修改一个存储过程的定义又不希望将其删除，应使用何种方式操作？

实验 12 触发器的创建和使用

一、实验目的

1．掌握使用企业管理器和 Transact-SQL 语句创建触发器的方法和步骤。
2．掌握触发触发器的方法。
3．掌握使用系统存储过程对触发器进行管理的方法。

二、实验准备

1．了解触发器的基本概念和种类。
2．了解通过使用企业管理器和 Transact-SQL 语句创建触发器的基本方法。
3．了解查看、修改、删除触发器的 Transact-SQL 语句的使用方法。

三、实验内容及步骤

触发器是一种实施复杂数据完整性约束的特殊存储过程，在对表或视图执行 UPDATE、INSERT、DELETE 语句时自动触发执行，以防止对数据进行不正确、未授权或不一致的修改。一个触发器只适用于一个表，每个表最多只能有三个触发器，分别是 INSERT、UPDATE 和 DELETE 触发器。触发器仅在实施数据完整性和处理业务规则时使用。以下实验内容均以教材中所说明的学生数据库 student_db 为例进行操作。

1．打开企业管理器，由服务器开始逐步展开到触发器所属表的 student_db 数据库，打开"表"文件夹，在"表"窗口中右击 C_Info，在弹出的快捷菜单中选择"所有任务"→"管理触发器"命令，弹出触发器"属性"对话框。

在文本框中输入如下语句用以创建触发器 tr_AutoSetType，然后单击"检查语法"按钮进行语法检查，无误后单击"确定"按钮。

```
CREATE TRIGGER tr_AutoSetType ON C_Info
FOR INSERT AS
UPDATE C_Info SET C_Type='必修'
```

展开 C_Info 表查看其触发器项中是否有 tr_AutoSetType 触发器并理解其作用。

启动查询分析器，登录数据库服务器后选择学生数据库 student_db，在查询分析器命令编辑窗口中输入如下命令序列：

```
INSERT INTO C_Info (C_No,C_Name,C_Credit) VALUES('82021','数据库原理',2)
GO
SELECT * FROM C_Info
```

单击查询分析器的"执行查询"按钮观察 SELECT 命令的输出结果，发现该新增课程记录中的 C_Type 字段被自动赋予了"必修"值，这是触发器 tr_AutoSetType 被触发后自动完成的。

2. 在查询分析器中使用 Transact-SQL 语句创建一个 DELETE 触发器 tr_CheckDeptNo，实现的功能是：在 D_Info 表中删除记录时检测 St_Info 表中是否存在学号前两位数值与 D_Info 中的 D_ID 相同的记录，如果存在，则给出提示信息"不能删除该条记录，因为该院系还有学生！"；如果不存在，则删除该条记录。

启动查询分析器，登录数据库服务器后选择学生数据库 student_db，在查询分析器命令编辑窗口中输入如下命令序列：

```
CREATE TRIGGER tr_CheckDeptNo ON D_Info
FOR DELETE AS
BEGIN
    DECLARE @stid VARCHAR(10)
    SELECT @stid=D_ID FROM DELETED
    IF EXISTS (SELECT * FROM St_Info WHERE LEFT(St_ID,2)=@stid)
        BEGIN
            PRINT    '不能删除该条记录，因为该院系还有学生!'
            ROLLBACK TRANSACTION
        END
END
```

首先理解该触发器代码的设计原理，然后单击查询分析器的"执行查询"按钮完成触发器的创建。如果创建成功，在输入窗口中清除之前输入的创建命令，再输入如下命令序列检测触发器的作用：

```
DELETE FROM D_Info WHERE D_ID='20'
GO
DELETE FROM D_Info WHERE D_ID='88'
```

单击查询分析器的"执行查询"按钮观察命令执行的输出结果，结合 tr_CheckDeptNo 触发器的代码进一步了解上述两个 DELETE 命令受该触发器的影响情况。

3. 基于 St_Info 表创建一个 INSERT 和 UPDATE 触发器 tr_CheckStID，如果输入的学生学号 St_ID 的前两位未出现在 D_Info 表的 D_ID 中则不允许插入或更新记录，并显示相应提示"无此院系，不能输入这样的学号"。然后设计向 St_Info 表中插入记录或更新学号的命令序列检查触发器的作用，观察插入数据或更新数据时的运行情况。

4．基于 S_C_Info 表创建一个 INSERT 触发器 tr_CheckStIDandCNo，如果 St_Info 表中没有 St_ID 所对应的学号或者 C_Info 表中没有 C_No 所对应的课程编号，则不允许插入记录，并显示相应提示"不能插入无学号或无课程编号的成绩记录"。然后设计向 S_C_Info 表中插入记录的命令序列，检查触发器的作用。

5．为 St_Info 表建立一个删除触发器 tr_AutoDelete，实现的功能是当删除 St_Info 表中的某个学生后，利用该触发器自动删除 S_C_Info 中所有该学生的成绩记录，并利用查询分析器进行实例操作：删除 St_Info 表中的某个学生记录，然后检查 S_C_Info 中的学生成绩记录是否正常删除（注意实验前如果 St_Info 表的 St_ID 有到 S_C_Info 的外键存在，则先使用企业管理器将其删除）。

6．使用系统存储过程 sp_helptrigger 查看指定触发器的有关属性。

7．使用系统存储过程 sp_rename 对指定触发器进行更名。

8．使用 Transact-SQL 语句 DROP TRIGGER 删除指定的触发器。

四、实验思考

1．使用触发器有什么好处？触发器有坏处吗？

2．触发器主要用于实施什么类型的数据完整性？

3．触发器能代替外键约束吗？

实验 13　数据转换服务

一、实验目的

1．了解数据导入和导出的作用。

2．掌握使用 DTS 导入/导出向导在 SQL Server 实例之间导入和导出数据的操作方法。

3．掌握使用 DTS 导入/导出向导在异构数据源之间导入和导出数据的操作方法。

4．掌握使用 DTS 设计器创建包的操作方法。

二、实验准备

1．了解数据转换的概念。

2．了解使用 DTS 导入/导出向导在 SQL Server 和其他数据源之间导入和导出数据的方法和步骤。

3．了解使用 DTS 设计器创建 DTS 包的方法和步骤。

三、实验内容和步骤

1．在企业管理器中创建一个新的 St_db 数据库，然后使用 DTS 导入/导出向导将 student_db 数据库中的所有表导入到 St_db 数据库中。

2．将 student_db 数据库的 St_Info 表中的所有数据导出到文本文件中，文本文件存储位置为 F:\xsjbxx.txt。数据之间用"，"隔开，字符型数据用单引号引起来。

3．使用 Access 创建一个 student.mdb 数据库，并在其中创建一个名为 xsjbxx 的数据表，表中录入如图 13.1 所示的 4 条记录。然后将 student.mdb 数据库的 xsjbxx 表中的所有数据追加到 student_db 数据库的 St_Info 表的末尾，并查看 St_Info 表是否增加了 student.mdb 数据库中的 xsjbxx 表的 4 条记录。

学号	姓名	性别	出生日期	专业班级	电话	地址	简历
1501060101	王小兰	女	1988-6-22	中文0601	8808246	福建省上杭县白砂镇白砂中心小学	
1501060102	王大海	男	1989-7-26	中文0601	8809624	安徽省安庆市大观区龙门小区1栋4-710	
1501060103	李大鹏	男	1987-12-29	中文0601	8809624	广东省佛山市顺德区龙江镇人民南路	
1501060105	彭顺洁	女	1988-12-18	中文0601	8808246	云南省昆明市虹山东路安全新村	

记录：14 ◀ 　　5　 ▶ ▶I ▶* 共有记录数：5

图 13.1　xsjbxx 表数据的录入情况

提示：在"选择源表和视图"对话框的"目的"列中，系统自动给出了默认的目的表名称"[student_db].[dbo].[班级情况]"。此时将系统给出的默认表名称改为"[student_db].[dbo].[St_Info]"，如图 13.2 所示。单击此对话框的"转换"列中的◼按钮，弹出"列映射和转换"对话框，在"列映射"选项卡中选中"在目的表中追加行"单选项，如图 13.3 所示。

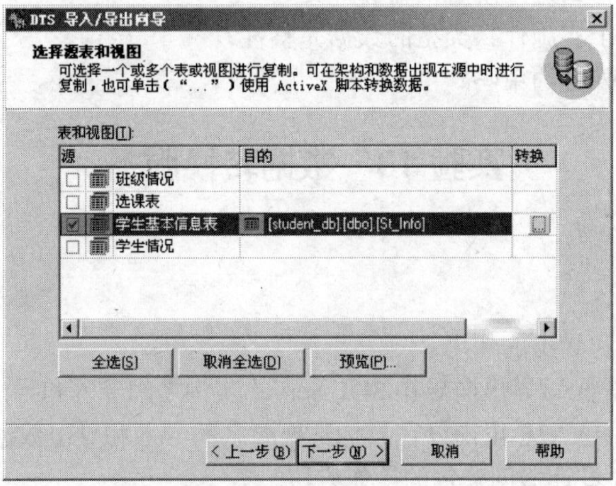

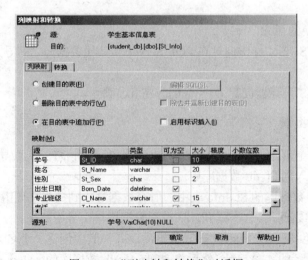

图 13.2　"选择源表和视图"对话框

图 13.3　"列映射和转换"对话框

4. 将 student_db 数据库的 St_Info 表中的 St_ID、St_Name、St_Sex、Cl_Name 4 个数据列的数据导出到 stu.xls 中，数据保存的工作表名为"学生基本信息"。

提示：在"指定表复制或查询"对话框中选中"用一条查询指定要传输的数据"单选项，如图 13.4 所示。在此对话框中单击"下一步"按钮，弹出"键入 SQL 语句"对话框，在其中手动输入 SQL 查询语句或单击"查询生成器"按钮采用图形方式构建查询语句，对应的查询语句如图 13.5 所示。

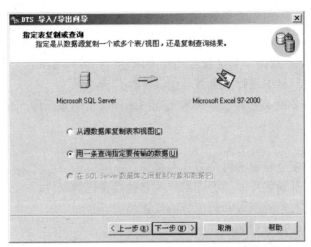

图 13.4 "指定表复制或查询"对话框

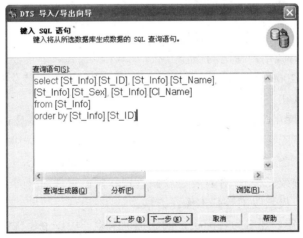

图 13.5 "键入 SQL 语句"对话框

5. 使用 DTS 设计器创建一个本地包，将 student_db 数据库中的 St_Info 表、C_Info 表、S_C_Info 表导出到 Access 的 stu.mdb 数据库中。

提示：利用 DTS 设计器之前，应该确保在计算机磁盘中已经存在一个可以用于存放数据的 stu.mdb 数据库。在本例中首先利用 Access 创建一个空的 stu.mdb 数据库，然后再使用 DTS 设计器创建本地包。

四、实验思考

1. 不涉及 SQL Server 数据库，利用 DTS 导入/导出向导将 Access 数据库直接导出到 Excel

文档，应该如何操作？

2. 使用 DTS 导入/导出向导创建一个 DTS 包，使它从 student_db 的 St_Info 表中提取性别为"男"的所有数据并导出到一个 Excel 文件中，应该如何操作？

实验 14　数据库的安全管理

一、实验目的

1. 了解 SQL Server 数据库安全管理的基本内容、相关概念及意义。
2. 掌握在企业管理器中进行安全管理的基本操作方法。
3. 学会综合运用多种安全管理方法来完成网络环境下的数据库安全设置。

二、实验准备

1. 明确要进行的安全管理的组合方式及优点。
2. 规划要创建的登录账户、数据库用户的名称及密码等属性。
3. 规划实验涉及对象的权限和角色等的设置情况。
4. 了解安全管理各项操作的一些不同方法和步骤。
5. 了解局域网的一些基础知识。

三、实验内容及步骤

1. 在 Windows 系统中新建一个用户，练习并掌握将其加入或删除某用户组的操作，掌握删除 Windows 用户和修改用户密码的操作方法。

2. 在 SQL Server 2000 企业管理器中新建一个登录账户，用户名及密码自定。练习并掌握删除登录账户、修改其相关属性的操作方法。

3. 新建一个数据库用户并与上面创建的登录账户关联。所要操作的数据库和用户名等参数自定。练习并掌握删除数据库用户、取消与登录账户关联、修改相关属性的操作方法。

4. 对以上用户设置一定的权限（要求进行权限组合设置，即必须具有对象权限、语句权限和隐含权限中的两种或三种），并且要以权限管理和角色管理两种方式分别完成以上设置。练习并掌握权限修改、权限取消等基本操作方法。

5. 以本机为服务器、邻机为客户机，创建查询来验证用以上步骤新建的登录及设置的权限是否正确，以判断上述实验内容是否正常完成。如出现异常，请分析并重复以上实验步骤，查找原因，直至结果正确。

6. 以邻机为服务器、本机为客户机，重复上一步骤的实验内容，最终完成局域网环境下的安全管理实验。

四、实验思考

1. 当同一用户同时属于不同的角色时，该用户所具有的权限是如何确定的？
2. 如果这些角色的权限之间有冲突，系统是如何确定该用户的最终权限的？

实验 15　Visual Basic 简单程序的应用

一、实验目的

1．掌握 Visual Basic 的基本数据类型以及变量和常量的使用。
2．学会使用选择和循环等语句编写应用程序。
3．学会使用一些常用的标准函数。
4．学会使用数组解决与数组相关的问题。

二、实验准备

1．熟悉 Visual Basic 集成开发环境。
2．了解变量和常量的定义与引用方法。
3．了解数组的声明和数组元素的引用。
4．了解 Print 方法在窗体上输出变量和常量的用法。
5．了解程序设计的三种基本结构，学会使用 If、Select Case、For、Do 等语句控制程序结构。

三、实验内容及步骤

1．分析以下程序的结果并检验。

```
Private Sub Form_Click()
    Dim i1 As Integer, a2 As Double, s3 As String, b4 As Boolean
        i1 = 123.45
        a2 = 123.45
        s3 = "123.45"
        b4 = True
    Print i1, a2, s3, b4
    Print Date, Time
    Print i1 ^ 2 + Sqr(a2) + s3        '语句中的 Sqr()函数是求平方根函数
    Print i1 & a2 & s3                 '此语句中的&与各变量之间一定要有空格
End Sub
```

在当前的 Form1 窗体中输入以上代码。运行时单击 Form1 窗体，窗体上会出现什么数据？

提示：Date 和 Time 分别是获取当前系统日期和时间的函数；Rnd 为产生(0,1)之间随机数（任意的一个数）的函数；Int 是取整函数，Int((20 - 10 + 1) * Rnd + 10)的功能是产生一个[10,20]之间的随机整数。

2．以下程序的功能是从键盘输入 x、y、z 三个整数，求其中的最大值并以消息框显示出来，运行界面如图 15.1 所示。

图 15.1　运行时的消息框界面

```
Private Sub Form_Click()
    Dim x As Integer, y As Integer, z As Integer
    Dim max As Integer                  ' max 用于存放最大值
    ' 以下三个语句用于从键盘输入 x、y、z 的值
    x = InputBox ("输入整数 x:", "输入")
    y = _____ ("输入整数 y:", "输入")
    z = _____ ("输入整数 z:", "输入")
```

```
        ' 以下 If 语句用于求 x、y、z 中的最大者，并存放到 max 中
        If x > y Then
            max = _____
        Else
            max = _____
        End If
        If max < z Then
            max = z
        End If
        ' 以下代码使用消息框输出如图 15-1 所示的信息
        _____ x & "," & y & "," & z & "中的最大值为:" & max, , "求最大值"
    End Sub
```

在当前 Form1 窗体的代码窗口中输入并完成以上程序，使之能实现题目要求的功能。

提示：（1）InputBox()函数的功能是产生一个对话框作为输入数据的界面，等待用户输入数据并返回所输入的内容。其格式为 InputBox(prompt[, title][, default][, xpos, ypos][, helpfile, context])。

（2）End Sub 语句上面的那条语句中的&与各变量之间一定要有空格。

3．某运输公司的运费计算标准如下：运输 1 吨货物且距离为 50 公里以下时，收费 1 元/公里；距离为 50 公里以上时，超过部分加收 0.1 元/公里；距离超过 1000 公里时，按上述收费标准打 0.95 折。试计算某人将 t 吨货物运输 s 公里，应收多少运费？

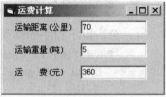

图 15.2　运费计算的运行界面

要求使用 Select Case 语句实现，运行界面如图 15.2 所示。

提示：（1）运输距离与货物重量通过文本框输入，使用 Val(<字符串表达式>)函数将<字符串表达式>转换为数字，例如 Val("10xy")的返回值是数值 10。

（2）Case 引导的表达式用 To 关键字确定范围，例如 Case 1 To 50 表示运输距离为 50 公里以下。

4．在 VB 中执行以下程序段，其运行结果为 10，请在横线处填入合适的语句。

```
    Private Sub Command1_Click()
        i = 0: j = 10
        Do While _____
            i = i + 1
            j = j - 1
            k = i + j
        Loop
        Print k
    End Sub
```

5．编程求 n!=1×2×3×…×n，要求程序用文本框输入 n 和 n!的值。读者可以参照图 15.2 所示的界面进行设计。

6．以下程序段是通过人机对话的形式从键盘输入 4 个数据存入数组中，然后从中找出最大的数并输出。请在横线处填入合适的内容，实现程序的功能。

```
    Private Sub Form_Click()
        Dim a(3) As Single
            For i = 0 To 3
```

```
        a(i) = InputBox("输入" & i & "的值")
    Next i
    Max = a(0)
    For i = 1 To 3
        If Max < a(i) Then
            _____
        End If
    Next i
    _____
End Sub
```

7．在数组 a 中存放 10 个数：20、32、13、4、78、94、43、6、57、86，求最小值。要求数据在程序运行过程中通过键盘输入，运行结果由消息框给出。

8．在标题为"打印图案"、背景色为黄色的窗体上设置一个标题为"开始"、命名为 Command1 的按钮；再设置一个文本框（命名为 Text1）用于接收输入。运行时，在文本框中输入一个表示行数的整数 n，单击"开始"按钮，先判断 n 是否为正整数，若是，则在窗体上打印类似如下的图案，图案颜色为红色，打印的位置为紧挨窗体左边界，实际的行数为文本框中的正整数；若 n≤0，则在窗体上打印"请输入正整数"。

```
                    1
                  2 2
                3 3 3
              4 4 4 4
            5 5 5 5 5
          6 6 6 6 6 6
```

（1）设计符合题意的界面，改正以下代码中的错误并补充代码以满足题意要求。

```
Private Sub Command1_Click()
    Dim n As Integer
    n = Text1.Text
    For i = 1 To n
        Print String(i, Trim(Str(i)))
    Next i
End Sub
```

提示：① String(number,character) 函数返回 number 个 character 代表的字符串的首字符组成的字符串，例如 String(3,"abc") 的返回值是"aaa"。

② Str(number)函数将数值 number 转换成字符串，通常正数前面会加入一个前导空格，如 str(5)的返回值是"5"，str(-5)的返回值是"-5"。

③ Trim(character) 函数将字符串的前导空格和尾随空格去掉，例如：Trim("abc")的返回值是"abc"。

④ Print 方法中的 Tab(n-i)是指后面的输出项定位从 n-i 列开始。

（2）程序运行时，分别在文本框中输入 6 和-4，分析程序的运行结果。

（3）程序运行正确后，在下列横线处填入适当的内容。

① 窗体的_____属性设为"打印图案"。

② 窗体的_____属性设为黄色。

③ 窗体的_____属性设为红色。

四、实验思考

1. 怎样设置对象属性？
2. 窗体中相应单击的事件名是不是窗体名_Click？

实验 16　常用控件的操作

一、实验目的

1. 掌握 Visual Basic 中常用控件的属性、方法、事件。
2. 掌握常用 ActiveX 控件的特性并学会应用这些控件编程。
3. 初步掌握建立基于图形用户界面应用程序的过程。
4. 学会使用 Visual Basic 的常用控件设计用户界面。

二、实验准备

1. 了解文本框的 ForeColor、FontSize、SelText、SelStart、SelLength 等属性。
2. 了解列表框和组合框的使用、列表选项的添加。
3. 了解菜单的设计方法。
4. 使用定时器控件设计简单动画。

三、实验内容及步骤

1. 字体大小和颜色控制。新建工程 1，在窗体 Form1 中设计如图 16.1 所示的界面，要求文本框中的字体大小由组合框中选择的字号决定，字体颜色由单选按钮选定的颜色决定。

提示：（1）组合框的 List 属性可以设置为 8、12、16、20、24、28、32、36、40，可在属性窗口中设置，每输入一个数要输入一个回车。

（2）要将多个单选按钮设置成按钮组，需要先画 Frame 控件，选定该控件后再添加单选按钮控件数组，且将第一个单选按钮的 Value 属性设为 True，其他两个设为 False。

（3）在组合框的 Click 事件过程中改变文本框的字体大小，而在单选按钮控件数组的 Click 事件过程中改变文本框的颜色。

2. 菜单设计。在实验内容 1 的工程 1 中新建窗体 Form2 并将其设为启动窗体，使用菜单编辑器设计如图 16.2 所示的"编辑菜单"窗体，其中"编辑"菜单有"复制"和"粘贴"两个菜单项。

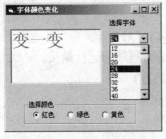

图 16.1　要求设计的界面

图 16.2　"编辑菜单"运行界面

提示：启动窗体的设置方法：在工程资源管理器中右击"工程1"选项，在弹出的"工程1-工程属性"对话框中的"启动对象"下拉列表框中选择Form2选项，单击"确定"按钮即可将Form2设为启动窗体，如图16.3所示。

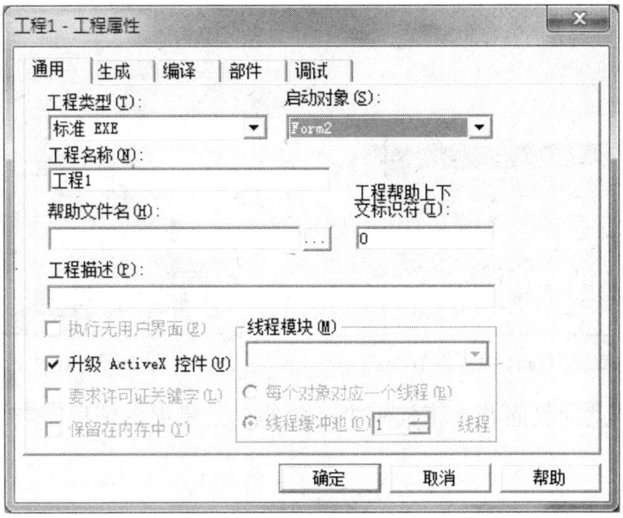

图16.3 "工程1-工程属性"对话框

3. 文本的选定与复制。在如图16.2所示的窗体上添加两个文本框（Text1和Text2）和两个标签（Label1和Label2），参照图16.4设置其属性。

要求程序运行时在文本框Text1中输入一串字符并选定其中一部分，单击"编辑"→"复制"命令则在标签Label1中显示所选字符串在原文本中的起始点，在Label2中显示其长度；单击"编辑"→"粘贴"命令，则在Text2中显示Text1中的选定字符，如图16.5所示。

图16.4 文本选定窗体界面设置

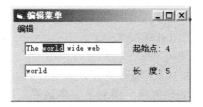

图16.5 文本选定复制运行界面

提示：（1）参考教材9.5.2节中的文本框属性SelStart、SelLength、SelText。

（2）在Label1中显示所选字符串的起始点，可在"编辑"→"复制"菜单项的Click事件过程中使用以下语句：

    Label1.Caption = Label1.Caption + Str(Text1.SelStart)

（3）同样，在"编辑"→"粘贴"菜单项的Click事件过程中给Text2赋值为Text1中的选定字符。

4. 菜单调用窗体。在图16.2的窗体上增加一个菜单项，如图16.6所示，当单击"字体颜色变化"菜单项时调用Form1窗体并关闭Form2窗体。

提示：在"字体特色变化"菜单控件的Click事件中使用以下代码调用Form1：

    Form1.Show

5. 物体移动。在窗体上画一个圆（命名为Shape1），如图16.7所示，将其设置为红色；

使 Shape1 垂直向下匀速运动，当其底部碰到窗体边界时立即向上运动；同样，当其顶部碰到窗体边界时立即向下运动，如此往复。设置一个定时器 Time1，使得圆每隔 0.1 秒移动一定距离。

图 16.6　菜单调用窗体运行界面　　　　　　　　图 16.7　设计题 5 的窗体

要求设计符合题意的界面并改正代码中隐含的 3 处错误，使程序能够按照题意要求运行。

```
Dim y As Long
Dim w As Integer
Private Sub Form_Load()
    w = 100                          '每隔一定时间间隔圆移动的距离
End Sub
Private Sub Timer1_Click()
    Dim m As Long
    m = Form1.ScaleHeight - Shape1.Height
    If y > m And y < 0 Then          '若标签到了窗体边界
        w = -1 * w
    End If
    y = y + w
    Label1.Left = y                  '标签设置到新位置
End Sub
```

提示：（1）定时器有哪些事件？

（2）如何确定圆到了窗体边界？

（3）每隔一定时间间隔，如何让圆移动到一个新的位置？上下移动应改变其什么属性？

6．密码验证。设计如图 16.8 所示窗体 Form1，当用户单击"确定"按钮且程序检查用户输入的用户名和密码与程序设定的都相同时，显示提示信息"验证成功!"；否则显示提示信息"用户名或密码不正确，验证失败!"。

要求：

（1）窗体中包含两个标签、两个文本框、一个命令按钮，其属性设置参照图 16.8。

图 16.8　密码验证运行界面

（2）当用户单击"确定"按钮时验证密码，通过消息框显示成功与否的提示信息。若验证失败，则用户需要重新输入用户名或密码，可反复操作三次，再退出程序。其中程序应设置文本框中的字符被选定，使得用户不必先删除文本框中的字符才能输入新的字符；若验证成功，可直接退出窗体。

（3）运行程序时，输入用户名为 user、密码为 1111，可成功通过验证。

提示：定义一个窗体级变量，用于存放验证尝试的次数。

四、实验思考

1．若要求实验内容 1 的窗体一运行，就使组合框的当前选项为 12（即其下拉列表的第 0 项），如何操作或编程？

2．在实验内容 2 和 3 中增加一个"编辑"→"剪切"菜单项，应如何操作？

3．为什么要将实验内容 5 中的变量 y 定义在"通用"→"声明"处？

4．在实验内容 5 中加入滚动条以控制圆的运动速度。

实验 17　Visual Basic 综合应用

一、实验目的

1．掌握多窗体应用程序的设计及其相互调用。

2．掌握过程的编写方法。

3．理解变量的作用域和生存期。

4．综合应用所学的知识编制具有可视化界面的应用程序。

二、实验准备

1．了解过程的编写方法。

2．了解启动窗体的设置方法。

3．了解添加模块的过程。

4．了解变量的定义和引用。

5．了解窗体的装载和卸载。

三、实验内容及步骤

设计一个兴趣爱好调查统计应用程序。要求设计：

（1）欢迎窗体。程序运行时，首先显示如图 17.1 所示的"欢迎"窗体，其中的"进入"图案文件为 ARW07RT.ICO，位于 Visual Basic 安装目录下的 COMMON\Graphics\Icons\ Arrows 文件夹中。

提示：图 17.1 中的箭头图案装载在一个 Image 控件中。

（2）"兴趣爱好调查"窗体。单击"进入"图标后卸载"欢迎"窗体，显示如图 17.2 所示的"兴趣爱好调查"窗体即可进行多人次调查统计。

如图 17.2 所示的窗体上预设 4 种爱好：音乐舞蹈、体育活动、文学欣赏、影视游戏，由 4 个复选框组成一个控件数组（名称为 Check1），该数组的 4 个元素顺序对应这 4 种爱好；另有 3 个命令按钮："我喜欢"按钮（名称为 Command1）、"统计"按钮（名称为 Command2）、"退出"按钮（名称为 Command3）。

提示：图 17.2 中的复选框控件数组的 4 个元素分别为 Check1(0)、Check1(1)、Check1(2)、Check1(3)。

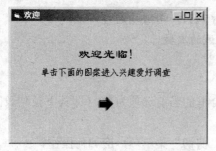

图 17.1　"欢迎"窗体

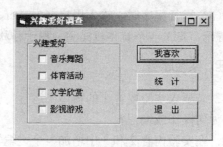

图 17.2　"兴趣爱好调查"窗体

（3）"调查"信息框。被调查者先将自己的兴趣爱好（一个或多个）打"√"，然后单击"我喜欢"按钮，弹出一个消息框显示"你喜欢的是××"即完成一个人的调查，如图 17.3 所示。

（4）"统计"窗体。完成多人调查后单击"统计"按钮将显示"统计"窗体，将调查的总人数和各种爱好的人数显示在标签（名称为 Label1）上，如图 17.4 所示。

图 17.3　兴趣爱好调查消息框

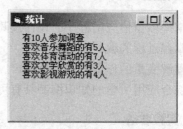

图 17.4　"统计"窗体

（5）公用变量定义。定义数组 a 来存放每种爱好的人数，变量 n 存放参加调查的人数。由于这些变量需要在窗体之间传递，因此它们必须是公用变量，需要在模块中声明。

```
Public a(4) As Long, n As Long
```

（6）在"兴趣爱好调查"窗体中单击"我喜欢"按钮将执行 Command1_Click 事件过程代码，完成以下代码的注释填空。

```
Private Sub Command1_Click()
    Dim i As Integer, str1 As String, y As Integer
    For i = 0 To 3                              ' 总共有___个复选框，下标从___到___
        If Check1(i).Value = vbChecked Then     ' 若第 i 个复选框被____
            str1 = str1 & Check1(i).Caption & " " ' 则将相应的标题____
            a(i) = a(i) + 1                     ' 和对应的_____加 1
            Check1(i).Value = vbUnchecked
        End If
    Next i
    y = MsgBox("你喜欢的是  " & str1, vbOKOnly, "调查")
    n = n + 1
End Sub
```

（7）在"兴趣爱好调查"窗体中单击"统计"按钮则调用"统计"窗体，请读者根据自己设计的窗体完成以下代码：

```
Private Sub Command2_Click()
    _____.Show 1
End Sub
```

（8）当调用"统计"窗体时，将执行 Form_Load 事件过程代码，在 Label1 控件中显示各种爱好的人数和参与调查的人数。完成以下程序实现该功能。

```
Private Sub Form_Load()
    Dim i As Integer, str2 As String
    For i = 0 To 3
        str2 = str2 & "喜欢" & _____.Check1(i).Caption & "的有" & a(i) & "人" & Chr(10)
        ' Chr(10)是换行符
    Next i
    Label1.Caption = "有" & n & "人参加调查" & Chr(10) & str2
End Sub
```

四、实验思考

1．当某窗体卸载后，其代码还在内存中吗？若其代码中定义了全局变量，还能用吗？

2．若不添加模块，应如何实现？如何定义和使用全局变量？

3．若统计窗体中不用标签输出，而是用 print 方法输出，能将其放在 Form_Load 事件过程中吗？要修改窗体的什么属性才能使用户看到输出的统计结果？

实验 18　数据库访问

一、实验目的

1．掌握 ADO 数据控件连接 SQL Server 数据库的方法。

2．掌握 Visual Basic 的数据绑定控件与 ADO 数据控件的绑定方法。

3．掌握编写 Visual Basic 窗体程序维护数据记录的方法。

4．掌握在 Visual Basic 中查询数据的方法。

二、实验准备

1．了解 Visual Basic 的 ADO 数据控件和数据绑定控件的属性设置方法。

2．了解能与 ADO 数据控件进行绑定的数据绑定控件的属性和方法，如 DataLIST、DataCombo 和 DataGrid 等。

3．熟悉 ADO 数据控件与 SQL Server 数据库建立的方法和步骤。

4．熟悉 ADO 数据控件的记录集操作数据记录的方法。

三、实验内容及步骤

1．新建 Visual Basic 工程并命名为 pdb1。

2．在控件工具箱中添加 ADO 数据控件，需要使用"工程"→"_____"命令。

3．在默认窗体 Form1 中，建立 ADO 数据控件 Adodc1，要将其与 student_db 数据库建立连接，可以选择该控件的快捷菜单中的"_____"命令。

4．将 Adodc1 控件通过连接字符串和使用 Windows NT 身份验证方式与 student_db 数据库建立连接，此时 Adodc1.ConnectionString 的属性值为_____。

5．设置 Adodc1 控件 CommandType 的属性值为 2-adCmdTable，再设置该控件的_____

属性 St_Info，使之可以访问 student_db 数据库的 St_Info 表。

6．在窗体 Form1 中，添加 8 个标签和 8 个文本框，修改文本框的 DataSource 属性和 DataField 属性，使之分别与 Adodc1 控件记录集的每个字段绑定，如图 18.1 所示。单击 Adodc1 控件的箭头按钮将记录指针定位到"张红飞"的学生记录。

图 18.1　Adodc1 控件访问 St_Info 表

7．参照实验步骤 3～6 在工程 pdb1 中建立访问 student_db 数据库的 C_Info 表的新窗体 Form2，如图 18.2 所示。在该窗体上建立一个 ADO 数据控件并命名为 Adodc2，设置其属性使之可以访问 C_Info 表，且将其 Visible 属性设置为 False。

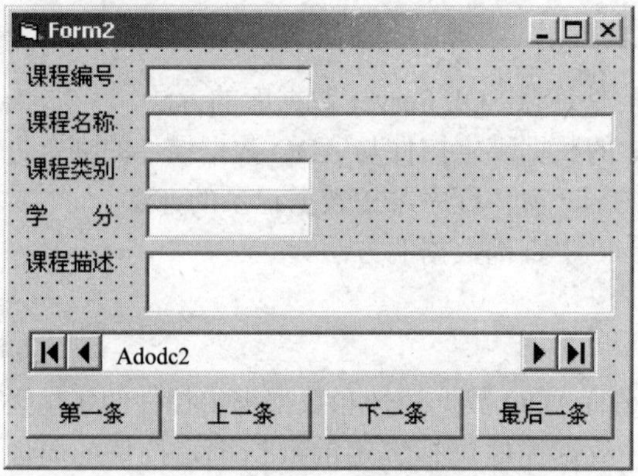

图 18.2　Form2 布局界面

8．分别为窗体 Form2 的命令按钮添加代码，使之可以控制 Adodc2 控件记录集的移动，且将记录指针定位在"数据库应用基础"的课程记录上。

提示：修改工程 pdb1 的属性使其启动对象为 Form2，以便 VB 的"启动"命令能运行 Form2 窗体。

9．参照图 18.2 新建窗体 Form3，将 4 个命令按钮的 Caption 属性分别设置为"添加"、"修改"、"删除"、"退出"，ADO 数据控件命名为 Adodc3，将其 Visible 属性设置为 False。为每个命令按钮编写代码，使之能添加记录、修改记录、删除记录、退出窗体。

10．运行窗体 Form3，添加课程编号为 9720053、课程名称为"FORTRAN 程序课程设计"、课程类别为"实践"、学分为 1 的课程记录；删除课程编号为 20010051 的记录；将课程名称为"数据库应用基础"的记录更名为"数据库技术应用基础"；再次运行窗体 Form2，浏览这些数据是否已改变，并将记录指针定位在"FORTRAN 程序课程设计"的课程记录上。

11.在工程pdb1中，新建窗体Form4，在该窗体上添加一个ADO数据控件，命名为Adodc4，将它连接到数据库student_db并将其CommandType属性设置为2-adCmdText，其RecordSource属性设置为以下SQL查询语句：

SELECT DISTINCT Cl_Name FROM St_Info ORDER BY Cl_Name

Adodc4控件的记录集包含_____。

12．在窗体Form4上添加一个DataCombo控件，默认名称为DataCombo1，设置Adodc4控件为其数据源，ListField和BoundColumn属性都为Cl_Name。

13．运行Form4窗体，单击DataCombo1控件的下拉按钮查看其列表中是否列出所有班级。

14．在Form4窗体上再添加一个ADO数据控件，命名为Adodc5，将它连接到student_db数据库并将其CommandType属性设置为2-adCmdText，其RecordSource属性设置为以下SQL查询语句：

SELECT St_Name From St_Info

Adodc5控件的记录集包含_____。

15．在Form4窗体上再添加一个DataList控件，默认名称为DataList1，将Adodc5控件作为其数据源，ListField和BoundColumn属性都为St_Name。

16．运行Form4窗体时DataList1控件的列表显示是什么？

17．在DataCombo1控件的Click事件过程中添加以下代码：

```
Private Sub DataCombo1_Click(Area As Integer)
    If DataCombo1.Text = "" Then
        Exit Sub
    End If
    Adodc5.RecordSource = "SELECT * FROM St_Info WHERE Cl_Name='" _
                        & DataCombo1.BoundText & "'"
    Adodc5.Refresh
End Sub
```

运行Form4窗体，分析：当用户在DataCombo1控件中选择一个班级名时DataList1控件会产生什么反应？若选择了"口腔（七）0601班"，窗体Form4显示的结果是否如图18.3所示？若选择DataList1控件列表中的一个选项，窗体Form4又会如何？

18.在工程pdb1中新建窗体Form5，添加一个DataCombo控件（名称为 DataCombo2）、一个 DataGrid 控件（名称为DataGrid1）、两个 ADO 数据控件（名称分别为 Adodc6 和Adodc7）。参照实验步骤 11～17 设置各控件的属性，使得

图18.3 窗体Form4运行界面

DataCombo2控件绑定Adodc6控件，DataGrid1控件绑定Adodc7控件，Adodc6控件的记录集为所有课程名称，Adodc7控件的记录集为S_C_Info表的某课程成绩信息。

提示：将DataCombo2控件的DataSource属性设置为Adodc6，DataField和BoundColumn属性设置为C_No，RowSource属性设置为Adodc6，ListField属性设置为C_Name。这样设置的特点是 DataCombo2 控件列表显示的是课程名称 C_Name，而绑定的数据列是课程编号C_No，通过BoundText属性可以直接获取当前选择课程的课程编号值。

19．参照实验步骤 17 为 Form5 的 DataCombo2 控件的 Click 事件过程添加代码，使得在 DataCombo2 控件中每选择一门课程，DataGrid1 控件自动显示该课程的所有成绩信息，如选择"大学计算机基础"课程，DataGrid1 控件显示如图 18.4 所示的数据。

图 18.4　Form5 运行界面

四、实验思考

1．要将实验步骤 3 的 Adodc1 控件通过 ODBC 数据源 Stud（实验 17 建立的）与 student_db 数据库建立连接，应如何操作？

2．在窗体 Form5 中，若组合框列表设置为学生姓名，要求每选择一个学生，在数据网格中显示该学生所修课程的名称和成绩，应如何操作？

实验 19　综合实验

一、实验目的

1．掌握 VB 编写数据库应用程序的方法。

2．学会使用 SQL 语言实现数据查询与统计。

3．掌握多文档窗体的建立及菜单的编辑方法。

4．学会将工程构成一个完整的应用程序并生成 EXE 程序。

二、实验准备

1．了解 Visual Basic 开发数据库应用的步骤。

2．了解窗体之间的参数传递方法。

3．了解菜单编辑器的使用与菜单项的编程方法。

4．了解多文档窗体的建立及其子窗体属性设置方法。

三、实验内容及步骤

1．通过用户选择院系和班级信息，查询某班的所有学生信息。

（1）新建 VB 工程并命名为 pdb2。

（2）创建窗体 Form1，在窗体上添加一个 ComboBox 控件（名称为 Combo1）和一个 ADO

数据控件（名称为 Adodc1）。

（3）建立 Adodc1 控件与数据库 student_db 的连接并使其记录集为 D_Info 表的所有院系信息。若设置 Adodc1.CommandType 属性为 1-adCmdText，则将 Adodc1.RecordSource 属性值设置为_____。

（4）在窗体 Form1 装载时，将 Adodc1 控件记录集的 D_Name 字段值填充到 Combo1 控件的列表中，应通过方法 AddItem 实现，可以使用如下代码：

```
Adodc1.Refresh
' Did 为已定义的动态字符串数组，存放 Combo1 控件列表项对应的院系编号
ReDim Did(Adodc1.Recordset.RecordCount)
i = 0
Do While _____ Adodc1.Recordset.EOF
  Combo1.AddItem Adodc1.Recordset.Fields("D_Name")
  Did(i) = Adodc1.Recordset.Fields("D_ID")
  Adodc1.Recordset.MoveNext
  i = i + 1
Loop
Combo1.ListIndex = 0
```

其运行界面如图 19.1 所示。

图 19.1　使用组合框选择院系名称

分析：该段代码应放在 Form1 的哪个事件过程中？语句 Combo1.ListIndex = 0 有什么作用？Combo1 控件是否必须与 Adodc1 控件绑定？

（5）参照 Combo1 控件的院系操作，在窗体 Form1 中再添加 ComboBox 控件（名称为 Combo2），使用 Adodc1 控件为其列表填充班级名称数据。这样，Adodc1 控件的记录集就必须修改为 Combo1 控件选定的院系的所有班级名，应查询 St_Info 表中 St_ID 的前两个字符与 Combo1 控件当前选项对应的 Did 元素值相等的所有记录，其代码如下：

```
Private Sub Combo1_Click()
  Adodc1.RecordSource = "SELECT DISTINCT Cl_Name FROM St_Info WHERE left(St_ID,2)="" _
                  & Did(Combo1.ListIndex) & """
  Adodc1. _____
  Do While Not Adodc1.Recordset.EOF
    Combo2.AddItem Adodc1.Recordset.Fields("Cl_Name")
    Adodc1.Recordset . _____
  Loop
End Sub
```

请完成该段代码并运行，其操作界面如图 19.2 所示，当用户选择"法学院"选项时班级列表中将显示该院的所有班级名称。

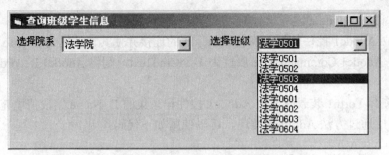

图 19.2   使用组合框选择班级名称

分析：为什么 Combo2 控件的班级查询和列表填充的操作要放在 Combo1_Click 事件过程中？

（6）在窗体 Form1 中添加一个 ADO Data 控件（名称为 Adodc2）和一个 DataGrid 控件（名称为 DataGrid1）使 DataGrid1 控件与 Adodc2 控件绑定。将 Adodc2 控件的记录集设置为 St_Info 表中由 Combo2 控件当前选定的班级的所有学生记录，如图 19.3 所示。

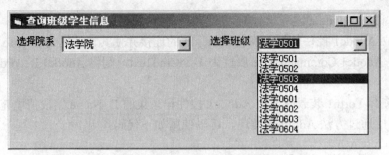

图 19.3   使用数据网格控件显示选定班级的学生信息

Adodc2 控件的记录集使用以下代码设置：

```
Adodc2.RecordSource = "SELECT * FROM St_Info WHERE Cl_Name='" & Combo2.Text & "'"
Adodc2.Refresh
```

分析：该代码应放在什么事件过程中？

运行窗体 Form1，将班级名称选择为"法学 0601"，查看 DataGrid1 控件显示的学生信息。

2．通过选择课程名称和班级名称查询某班某课程的学生成绩。要求通过组合框选择课程名称和班组名称，使用数据网格控件显示选定课程与班级的学生成绩。

（1）在工程 pdb2 中创建窗体 Form2，参照实验内容 1 的操作步骤（1）～（3）添加控件，其运行界面如图 19.4 所示。

图 19.4   "查询班级学生成绩"窗体

（2）在 Form_Load 事件过程中，参照实验内容 1 的步骤（4）初始化"课程"和"班级"组合框，使其列表分别填充课程名称和班级名称，同时将课程编号存储到一个动态数组中。

（3）参照实验内容 1 的步骤（6）使数据网格控件与一个 ADO Data 控件绑定，设置其记录集为 S_C_Info 表中被选择课程和班级的学生成绩记录。

3．在工程 pdb2 中创建窗体 Form3，当用户单击窗体 Form1 的网格控件的一个数据行时调用 Form3，使 Form3 以网格形式显示 Form1 中被选择学生的所有成绩（包括课程名称和成绩）并统计该学生的所修学分总数，以标签方式显示，如图 19.5 所示。

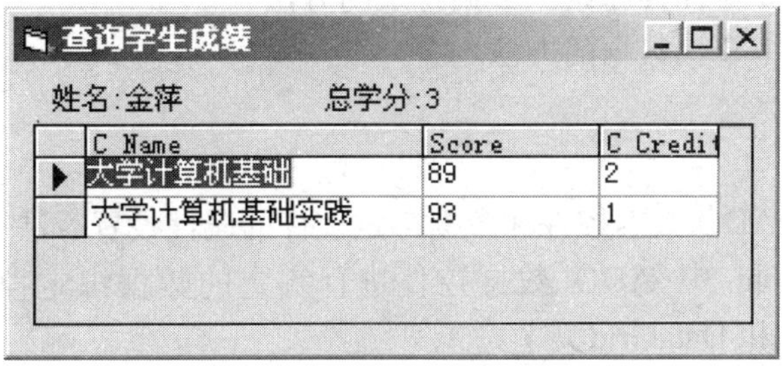

图 19.5　查询学生成绩并统计学分

提示：当用户单击窗体 Form1 的 DataGrid1 控件的数据行时，由于它与 Adodc2 控件绑定，因此 Adodc2 控件的记录指针也移动到被选择学生的记录，该学生的学号与姓名可通过 Adodc2.Recordset.Fields("St_ID")获取，并将该学号、姓名传递给窗体 Form3。窗体 Form3 的调用由 DataGrid1_Click 事件过程来执行。

4．在工程 pdb2 中新建多文档窗体 MDIForm（名称为 MDIForm1），编辑如图 19.6 所示的菜单使窗体 MDIForm1 成为工程 pdb2 的启动窗体，并使两个菜单项分别调用窗体 Form1 和 Form2。

图 19.6　多文档窗体及菜单界面

提示：将窗体 Form1 与 Form2 的 MDIChild 属性修改为 True。

5．将工程 pdb2 生成 pdb2.exe 执行程序并让 Windows 运行 pdb2.exe。

四、实验思考

1．若将 Form1 中的"院系"组合框与"班级"组合框使用 DataCombo 控件建立，是否能用 AddItem 方法为其列表添加数据项？如何用 DataCombo 控件实现 Form1 的班级学生信息查询功能？

2．若将 Form3 网格控件的标题设置为"课程名称"、"成绩"、"学分"，应如何实现？

实验 20　Delphi 的数据访问

一、实验目的

1．掌握 ADO 数据控件连接 SQL Server 数据库的方法。
2．掌握 Delphi 的数据绑定控件与 ADO 数据控件的绑定方法。
3．掌握编写 Delphi 窗体程序维护数据记录的方法。
4．掌握在 Delphi 中查询数据的方法。

二、实验准备

1．了解 Delphi 的 ADO 数据控件和数据绑定控件的属性设置方法。
2．了解能与 Delphi 中 ADO 数据控件进行绑定的数据绑定控件的属性与方法，如 DataLIST、DataCombo 和 DataGrid 等。
3．熟悉 Delphi 中 ADO 数据控件与 SQL Server 数据库建立的方法和步骤。
4．熟悉 Delphi 中 ADO 数据控件的记录集操作数据记录的方法。

三、实验内容及步骤

1．新建 Delphi 工程并命名为 pdb2。
2．在控件工具箱中添加 ADO 数据控件，需要使用"工程"→"_____"命令。
3．在默认窗体 Form1 中，建立 ADO 数据控件 Adodc1，要将其与 student_db 数据库建立连接，可以选择该控件的快捷菜单中的"_____"命令。
4．将 Adodc1 控件通过连接字符串和使用 Windows NT 身份验证方式与 student_db 数据库建立连接，此时 Adodc1.ConnectionString 的属性值为_____。
5．设置 Adodc1 控件的 CommandType 属性值为 cmdTable，再设置该控件的_____属性 St_Info，使之可以访问 student_db 数据库的 St_Info 表。
6．在窗体 Form1 中，添加 8 个标签和 8 个文本框，修改文本框的 DataSource 属性和 DataField 属性，使之分别与 Adodc2 控件记录集的每个字段绑定，如图 20.1 所示。单击 Adodc1 控件的箭头按钮将记录指针定位到"张红飞"的学生记录。

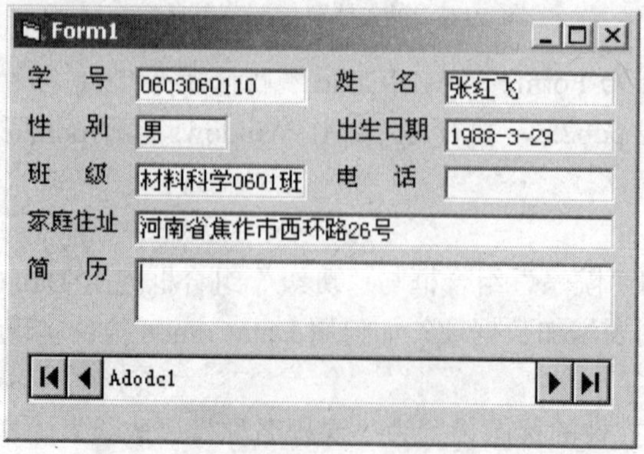

图 20.1　Adodc1 控件访问 St_Info 表

7．参照实验步骤 3～6 在工程 pdb2 中建立访问 student_db 数据库的 C_Info 表的新窗体 Form2，如图 20.2 所示。在该窗体上建立一个 ADO 数据控件并命名为 Adodc2，设置其属性使之可以访问 C_Info 表，且将其 Visible 属性设置为 False。

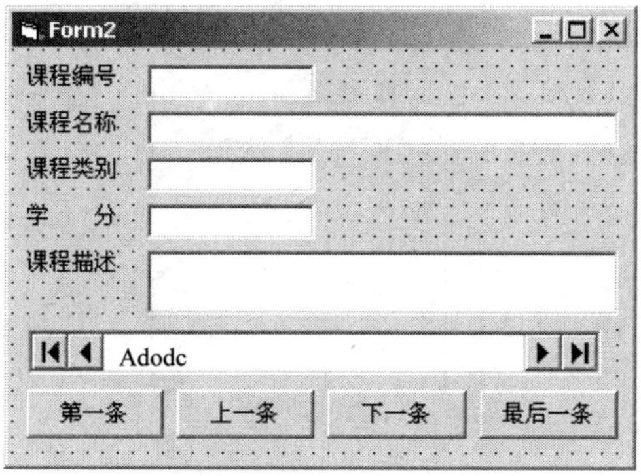

图 20.2　Form2 布局界面

8．分别为窗体 Form2 的命令按钮添加代码，使之可以控制 Adodc2 控件记录集的移动，且将记录指针定位在"数据库应用基础"的课程记录上。

9．参照图 20.2 新建窗体 Form3，将 4 个命令按钮的 Caption 属性分别设置为"添加"、"修改"、"删除"、"退出"；ADO 数据控件命名为 Adodc3，将其 Visible 属性设置为 False。为每个命令按钮编写代码，使之能添加记录、修改记录、删除记录以及退出窗体。

10．运行窗体 Form3，添加课程编号为 9720053、课程名称为"Fortran 程序课程设计"、课程类别为"实践"、学分为 1 的课程记录；删除课程编号为 20010051 的记录；将课程名称为"数据库应用基础"的记录更名为"数据库技术应用基础"；再次运行窗体 Form2，浏览这些数据是否已改变，并将记录指针定位在"Fortran 程序课程设计"的课程记录上。

11．在工程 pdb2 中新建窗体 Form4，在该窗体上添加一个 ADO 数据控件，命名为 Adodc4，将它连接到数据库 student_db 并将其 CommandType 属性设置为 cmdText，其 CommandText 属性设置为以下 SQL 查询语句：

SELECT DISTINCT Cl_Name FROM St_Info ORDER BY Cl_Name

Adodc4 控件的记录集包含_____。

12．在窗体 Form4 上添加一个 DataCombo 控件，默认名称为 DataCombo1，设置 Adodc4 控件为其数据源，ListField 和 BoundColumn 属性都为 Cl_Name。

13．运行 Form4 窗体，单击 DataCombo1 控件的下拉按钮查看其列表中是否列出所有班级。

14．在 Form4 窗体上再添加一个 ADO 数据控件，命名为 Adodc5，将它连接到 student_db 数据库并将其 CommandType 属性设置为 2-adCmdText，其 CommandText 属性设置为如下 SQL 查询语句：

SELECT St_Name From St_Info

Adodc5 控件的记录集包含_____。

15．在 Form4 窗体上再添加一个 DataList 控件，默认名称为 DataList1，将 Adodc5 控件作为其数据源，ListField 和 BoundColumn 的属性都为 St_Name。

16．运行 Form4 窗体时查看 DataList1 控件显示的列表。

17. 运行 Form4 窗体，分析：当用户在 DataCombo1 控件中选择一个班级名时，DataList1 控件会产生什么反应？若选择了"口腔（七）0601 班"，窗体 Form4 显示的结果是否如图 20.3 所示？若选择 DataList1 控件列表中的一个选项，窗体 Form4 又会如何？

图 20.3　窗体 Form4 运行界面

18. 在工程 pdb2 中新建窗体 Form5，添加一个 DataCombo 控件（名称为 DataCombo2）、一个 DataGrid 控件（名称为 DataGrid1）、两个 ADO 数据控件（名称分别为 Adodc6 和 Adodc7）。参照实验步骤 11～17，设置各控件的属性，使得 DataCombo2 控件绑定 Adodc6 控件，DataGrid1 控件绑定 Adodc7 控件，Adodc6 控件的记录集为所有课程名称，Adodc7 控件的记录集为 S_C_Info 表的某课程成绩信息。

19. 参照实验步骤 17 为 Form5 的 DataCombo2 控件的 Click 事件过程添加代码，使得在 DataCombo2 控件中每选择一门课程，DataGrid1 控件自动显示该课程的所有成绩信息，如选择"大学计算机基础"课程，DataGrid1 控件显示如图 20.4 所示的数据。

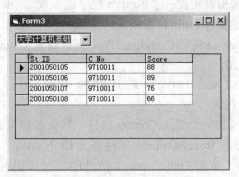

图 20.4　Form5 运行界面

四、实验思考

利用 Delphi，在窗体 Form5 中，若组合框列表设置为学生姓名，要求每选择一个学生，在数据网格中显示该学生所修课程的名称和成绩，应如何操作？

第二篇 课程设计案例

案例 1 诗词信息管理系统

诗词信息管理系统（Poem Information Manager System，PIMS）是指利用计算机对诗词进行收集、存储、处理、提取和数据交换的综合型的计算机应用系统。适合诗词爱好者管理自己的诗词作品、在此系统的协助下创作新作品，也可以搜集整理自己喜爱的诗词作品。具有诗词作品管理和诗人信息管理等功能。本案例介绍如何使用 Visual Basic 语言设计一个 SQL Server 环境下的诗词信息管理系统。

1.1 系统需求分析

为了帮助提高系统开发水平和应用效果，系统应符合诗词信息管理的规定、满足对诗词信息管理的需要，并达到操作过程中的直观、方便、实用、安全等要求。系统采用模块化程序设计的方法，便于系统功能的组合、修改、扩充和维护。

根据需求分析，列出本系统需要实现的基本功能。

1. 系统需求

诗词信息管理的主要功能是用于录入和查询各项诗词的基本信息（包括诗词的题目信息、作者的基本信息、年代信息、体裁信息、诗词的类别、诗词的内容），用于录入和查询诗人的各项信息（包括诗人的姓名、年代及简介）。

2. 功能需求

根据系统需求分析，本系统的功能要求如下：

（1）系统管理。系统管理的功能是在该系统运行结束后，用户通过选择"系统管理"→"退出"命令能正常退出系统，回到 Windows 环境。

（2）诗词管理。诗词管理的功能是设置和管理诗词的类型和数据，用来使系统的其他界面的一些操作更加方便，权限范围内可以进行诗词的数据录入、修改、删除、查询。

（3）诗人管理。诗人管理的功能是设置和管理诗人的基本信息，权限范围内可以进行诗人的数据录入、修改、删除、查询。

（4）背景设置。设置背景和背景音乐。这是一个辅助功能，目的是让操作者能在一个轻松、快乐的环境下进行诗词欣赏操作。

3. 性能需求

（1）硬件环境。

处理器：Intel Pentium 43.06GB 或更高

内存：256MB

硬盘空间：40GB

显卡：SVGA 显示适配器

（2）软件环境。

操作系统：Windows 2000/XP

数据库：Microsoft SQL Server 2000

1.2　系统设计

1.2.1　系统功能设计

诗词信息管理系统主要实现诗词管理、诗人管理、背景设置和系统管理等功能，包含的系统功能模块如图 1.1 所示。

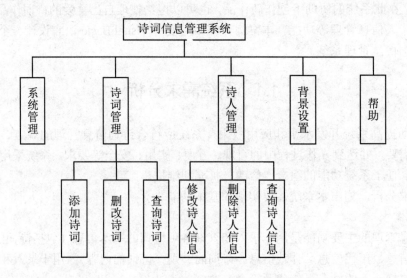

图 1.1　诗词信息管理系统的功能模块图

下面介绍系统各模块的功能。

1. 系统管理模块

用于登录系统和退出系统。

2. 诗词管理模块

（1）添加诗词子模块。用户根据自己的爱好添加搜集的诗词，也可以添加自己创作的诗词。

（2）删改诗词子模块。在该模块下，用户可以对指定题目的诗词进行查询，同时可以对该诗词进行修改和删除。

（3）查询诗词子模块。可以按作者、年代、体裁、类别进行查询，并能统计当前查询到的记录数。无论是按哪种方式查询到的诗词，只要单击该记录的任意位置就可以显示该诗词的内容。

3. 诗人管理模块

（1）添加诗人信息子模块。包括作者姓名、年代、简介这些信息。

（2）删改诗人信息子模块。通过输入诗人姓名进行查询，然后可根据情况进行修改和删除诗人信息。

（3）查询诗人信息子模块。可以按诗人姓名查询，也可以查询全部诗人信息，查询的同时统计查询到的记录数，单击该记录的任意位置可显示该诗人的全部信息。

4. 背景设置模块

包括打开背景、关闭背景、打开背景音乐和关闭背景音乐模块。

5. 帮助模块

显示系统的开发版本和系统说明信息。

1.2.2 数据库设计

1. 数据库概念结构设计

根据上面的设计规划出的实体有诗人实体和诗词实体，它们的 E-R 图如图 1.2 所示，它们之间具有一对多的关系。

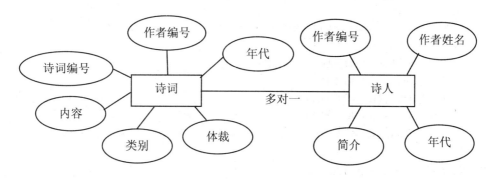

图 1.2 诗词实体和诗人实体的 E-R 图

2. 数据库逻辑结构设计

将数据库概念结构转化为 SQL Server 数据库系统所支持的实际数据模型，也就是数据库的逻辑结构。在上面的实体及实体之间关系的基础上形成数据库中表及各个表之间的关系。

诗词信息管理系统数据库中包含诗词基本表和诗人基本表，各个数据表的设计如表 1.1 和表 1.2 所示，每个表表示数据库中的一个数据表。

表 1.1 poem 诗词信息表

列名	数据类型	是否为空	说明
诗词编号	Int	NOT NULL	主键
题目	Char(40)	NOT NULL	
作者编号	Int	NOT NULL	
年代	Char(4)	NOT NULL	
体裁	Char(10)	NOT NULL	
类别	Char(10)	NOT NULL	
内容	Text	NOT NULL	

表 1.2　poet 诗人信息表

列名	数据类型	是否为空	说明
作者编号	Int	NOT NULL	主键
作者姓名	Char(8)	NOT NULL	
年代	Char(4)	NOT NULL	
简介	Text	NOT NULL	

3. 创建数据库对象

经过需求分析和概念结构设计后得到诗词信息管理数据库 PoemManager 的逻辑结构。SQL Server 逻辑结构的实现可以在企业管理器或 SQL 查询分析器中进行。下面是用查询分析器创建这些表格的 SQL 语句。

（1）创建 poem 诗词信息表结构。

```
CREATE TABLE [dbo].[poem]
(
    [诗词编号] [int] NOT NULL PRIMARY KEY,
    [题目] [char] (40) NOT NULL ,
    [作者编号] [int] NOT NUL ,
    [年代] [char] (4) NOT NULL ,
    [体载] [char] (10) NOT NULL ,
    [类别] [char] (10) NOT NULL ,
    [内容] [text] NOT NULL ,
)
```

（2）创建 poet 诗人信息表结构。

```
CREATE TABLE [dbo].[poet]
(
    [作者编号] [int] NOT NULL PRIMARY KEY,
    [作者姓名] [char] (8) NOT NULL ,
    [年代] [char] (4) NOT NULL ,
    [简介] [text] NOT NULL ,
)
```

1.3　系统实现

在 SQL Server 的查询分析器中执行了创建数据表 SQL 语句后，有关数据结构的后台设计工作就完成了。下面使用 Visual Basic 进行诗词信息管理系统的功能模块和数据库系统的客户端程序的实现。

1.3.1　诗词信息管理系统主窗体的创建

在 Visual Basic 中，可以通过 ADO 数据控件访问各种数据库。下面介绍诗词数据库应用程序的具体实现过程。

1. 创建工程项目 prjPoemManager

启动 Visual Basic 后单击"文件"→"新建工程"命令，在工程模板中选择"标准 EXE"

选项。单击"文件"→"保存工程"命令，以 prjPoemManager.vbp 为工程名保存工程。

2. 创建诗词信息管理系统主窗体

在工程中添加一个窗体并命名为 frmmain.frm，作为系统主窗体，其 Caption 属性为"诗词信息管理系统"，Name 属性为 frmmain。

单击该窗体工具栏中的"菜单编辑器"按钮创建主窗体的菜单，菜单结构如图 1.3 所示，菜单标题、菜单名称、调用对象等属性如表 1.3 所示。

图 1.3 诗词信息管理系统主窗体

为了让主窗体更美化，向主窗体添加 Image 控件，控件的 Name 属性为 Image1，BorderStyle 属性为 1- FixedSingle（固定单边框），Picture 属性为如图 1.3 所示的图片，该图片文件位于工程目录下。系统主窗体启动时调用 frmLogin.frm 窗体，产生动画效果。

表 1.3 菜单标题、名称及调用对象说明

菜单标题	菜单名称	调用对象
系统管理	Manager	
… 退出	Exit	
诗词管理	poem	
… 添加诗词	addpoem	frmAddPoem
… 删改诗词	modifypoem	frmModifyPoem
… 查询诗词	querypoem	frmQueryPoem
诗人管理	poet	
… 添加诗人信息	addpoet	frmAddPoet
… 删改诗人信息	updatepoet	frmUpdatePoet

续表

菜单标题	菜单名称	调用对象
… 查询诗人信息	querypoet	frmQueryPoet
背景设置	setting	
… 打开背景	Light(0)	
… 关闭背景	Light(1)	
… 打开背景音乐	Music(0)	
… 关闭背景音乐	Music(1)	
帮助	Help	
… 关于	About	frmAbout

系统主窗体程序的代码如下：

```
'在通用中声明全局变量
Option Explicit                    '在模块级别中使用，强制显式声明模块中的所有变量
Dim IsMusicOn As Boolean           '用来存放音乐
'窗体运行时初始化过程
Private Sub Form_Load()
    '窗体居中显示
    Me.Top = (Screen.Height - Me.Height)\1.2
    Me.Left = (Screen.Width - Me.Width)\1.2
    Me.Light(0).Enabled = True
    Me.Light(1).Enabled = False
    Me.Music(0).Enabled = True
    Me.Music(1).Enabled = False
    '准备播放音乐
    IsMusicOn = False
    WindowsMediaPlayer1.Visible = False
    WindowsMediaPlayer1.URL = App.Path & "/bg.mp3"     '歌曲的位置
    WindowsMediaPlayer1.uiMode = "mini"                 '播放器界面模式
    WindowsMediaPlayer1.settings.volume = 100          '音量，0～100
    WindowsMediaPlayer1.settings.playCount = 100       '播放次数
    WindowsMediaPlayer1.Controls.stop
    '显示启动画面，在主窗体中的"诗词集"窗体显示
    frmmain.Enabled = False
    frmLogin.Show 0, frmmain
    Light_Click (0)
End Sub
'退出时检查并关闭音乐
Private Sub Form_Unload(Cancel As Integer)
    If IsMusicOn = True Then
        WindowsMediaPlayer1.Controls.stop
    End If
End Sub
'背景图片控制
```

```
Private Sub Light_Click(Index As Integer)
    Light(Index).Enabled = False
    If Index = 0 Then
        Image1.Visible = True                     '打开背景图片
        Light(1).Enabled = True
    End If
    If Index = 1 Then
        Image1.Visible = False                    '关闭背景图片
        Light(0).Enabled = True
    End If
End Sub
'背景音乐控制
Private Sub Music_Click(Index As Integer)
    Music(Index).Enabled = False
    If Index = 0 Then
        IsMusicOn = True                          '打开背景音乐
        WindowsMediaPlayer1.Controls.play         '播放
        Music(1).Enabled = True
    End If
    If Index = 1 Then
        IsMusicOn = False                         '关闭背景音乐
        WindowsMediaPlayer1.Controls.stop         '关闭
        Music(0).Enabled = True
    End If
End Sub
```

以下是单击菜单项时调用的对应窗体。

```
'显示修改诗词信息窗口
Private Sub modifypoem_Click()
    frmModifyPoem.Show
End Sub
'显示查询诗词信息窗口
Private Sub querypoem_Click()
    frmQueryPoem.Show
End Sub
'显示查询诗人信息窗口
Private Sub querypoet_Click()
    frmQueryPoet.Show
End Sub
'显示修改诗人信息窗口
Private Sub updatepoet_Click()
    frmUpdatePoet.Show
End Sub
'启动帮助窗口
Private Sub About_Click()
    frmAbout.Show
End Sub
```

```
'显示添加诗词信息窗口
Private Sub addpoem_Click()
    frmAddPoem.Show
End Sub
'显示添加诗人信息窗口
Private Sub addpoet_Click()
    frmAddPoet.Show
End Sub
Private Sub Exit_Click()                    '退出
    Unload Me
End Sub
```

窗体 frmLogin 被主窗体 frmmain 所调用，没有窗口外观，用于产生动画效果，如图 1.4 所示。

图 1.4　frmLogin 窗体外观

frmLogin 窗体的相关属性如表 1.4 所示。

表 1.4　frmLogin 窗体的控件及属性设置

控件名称	属性	属性取值	说明
Form	Caption	动画	窗口标题
	Name	frmLogin	对象名称
	StartUpPosition	2-屏幕中心	启动后屏幕位置
	ControlBox	True	显示控件菜单栏
	MaxButton	True	打开最大化按钮
	MinButton	True	打开最小化按钮
	ScaleMode	1 - Twips	指定度量单位为缇
	BorderStyle	0 - None	没有边框
PictureBox	Name	Picture1	对象名称
	DataFormat	图片	将附加一个绑定对象
Timer	Name	Timer1	时钟对象名称
	Enabled	True	允许对象对事件作出反应
	Interval	1000	控件的计时事件中各调用间的毫秒数

frmLogin 窗体的代码如下：

```
Option Explicit                    '在模块级别中使用，强制显式声明模块中的所有变量
Private Declare Sub Sleep Lib "kernel32" (ByVal dwMilliseconds As Long)
    Dim Proba, Proba2 As Integer
    Dim Boja2 As String
```

以下函数 Zrak 用于绘制产生动画的线条，每隔一定时间（Interval=1000ms）由定时器控件 Timer1 的 Timer 事件过程调用。

```
Private Function Zrak(slika As PictureBox, StartX As Integer, _
    StartY As Integer, Levo As Integer, Desno As Integer, Boja As String)
    Me.ScaleMode = vbPixels
    With slika
        .ScaleMode = vbPixels
        .AutoRedraw = True
    End With
'For...Next:
'针对集合中的每个元素重复执行一组语句
'Line  方法: object.Line (x1, y1) (x2, y2), [color]
'(x1, y1) 可选的。Single（单精度浮点数），直线或矩形的起点坐标
'(x2, y2) 必需的。Single（单精度浮点数），直线或矩形的终点坐标
'color 可选的。Long（长整型数），画线时用的 RGB 颜色
    For Proba2 = 0 To slika.ScaleWidth
        DoEvents
        For Proba = 0 To slika.ScaleHeight
            Boja2 = slika.Point(Proba2, Proba)
            Line (StartX, StartY)-(Levo + Proba2, Desno + Proba), Boja2
        Next
        Line (StartX, StartY)-(Levo + Proba2, Desno + slika.ScaleHeight), Boja
    Next
    For Proba2 = 0 To slika.ScaleHeight
        Line (StartX, StartY)-(Levo + slika.ScaleWidth, Desno + Proba2), Boja
    Next
End Function
```

动画效果通过定时器控件控制，该控件只有一个 Timer 事件过程，其代码编写如下：

```
Private Sub Timer1_Timer()
    Zrak Picture1, 565, 301, 0, 0, Me.BackColor
    If Timer1.Interval = 1000 Then
        Sleep 1000
        Unload Me
        frmLg.Show 0, frmmain
    End If
End Sub
```

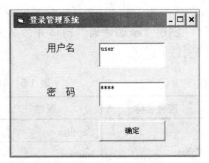

图 1.5　frmLogin 窗体界面

当动画界面运行完后调用 frmLogin 窗体进行登录操作，frmLogin 窗体界面如图 1.5 所示。

frmLogin 窗体的代码如下：

```
Private Sub Command1_Click()
    If txtName = "user" And txtPwd = "1234" Then
        MsgBox "登录成功，欢迎使用本系统!"
        Unload Me
        frmmain.Enabled = True
        frmmain.SetFocus
    Else
        MsgBox "用户名或密码不正确，退出系统!"
        Unload frmmain
        Unload Me
    End If
End Sub
```

其中，txtName 和 txtPwd 控件对象为文本框，分别用于输入用户名和密码。当用户名和密码都正确时登录成功，返回 frmmain 窗体，即让 frmmain 窗体的 Enabled 属性值为 True。

1.3.2　诗词管理模块

诗词管理模块可以实现以下功能：添加诗词、删改诗词、诗词查询操作。

1. 添加诗词窗体的设计

"添加诗词"窗体布局如图 1.6 所示，两个命令按钮分别控制添加和返回操作。作者名称、体裁、类别等项使用组合框，以便用户从其下拉列表中选取相应数据。将 ADO 数据控件的 Visible 属性值设置为 False，在窗体中不显示。

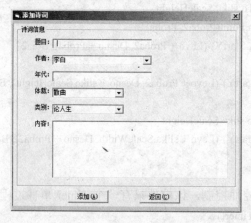

图 1.6　"添加诗词"窗体

创建"添加诗词"窗体并命名为 frmAddPoem，按表 1.5 所示向窗体添加控件并设置控件的属性。

表 1.5　frmAddPoem 窗体的控件及属性设置

控件名称	属性	属性值	说明
Form	Caption	添加诗词	窗口标题
	Name	frmAddPoem	对象名称
	StartUpPosition	2-屏幕中心	启动后屏幕位置

控件名称	属性	属性值	说明
Frame	Name	Frame1	对象名称
	Caption	诗词信息	对象标题
	BorderStyle	1-Fixed Single	对象的边框样式
Label	Caption	题目：	
	Name	Label1	
	Caption	作者：	
	Name	Label2	
	Caption	年代：	
	Name	Label3	
	Caption	体裁：	
	Name	Label4	
	Caption	类别：	
	Name	Label5	
	Caption	内容：	
	Name	Label6	
TextBox	Name	txtPoem(0)	"题目"文本框名称
	Name	txtPoem(1)	"年代"文本框名称
	Name	txtPoem(2)	"内容"文本框名称
ComboBox	Name	cboTC	"体裁"对象名称
	Name	cboLB	"类别"对象名称
	Name	cboXM	"作者"对象名称
Adodc	Name	Adodc1	
	Visible	False	在窗体中不显示
	CommandType	1-adCmdText	
CommandButton	Caption	添加	"添加"按钮提示
	Name	cmdAdd	"添加"按钮名称
	Caption	返回	"返回"按钮提示
	Name	cmdCancel	"返回"按钮名称

"添加诗词"窗体的程序代码如下：

```
Option Explicit            ' 在模块级别中使用，强制显式声明模块中的所有变量
Public sqlStr As String    ' 保存要执行的 SQL 语句
```

在载入 frmAddPoem 窗体时需要对窗体中的组合框控件进行初始化，使之填入对应的数据项。

```
Private Sub Form_Load()
    InitXM              ' 初始化"姓名"组合框
    InitTC              ' 初始化"体裁"组合框
```

```
        InitLB                          ' 初始化"类别"组合框
    End Sub
```

以下为初始化"姓名"组合框 cboXM 代码，代码使用 ADO 数据控件 Adodc1 从 poet 表中读取作者姓名数据到记录集，使用 cboXM 的 AddItem 方法将记录集中的作者姓名填入 cboXM 的 List 列表中，并使记录集中的记录指针下移一条记录。

```
    Sub InitXM()
        '从 poet 表中取出作者姓名填充到 cboXM 列表
        sqlStr = "select  作者姓名  from poet order by  作者姓名"
        Adodc1.RecordSource = sqlStr
        Adodc1.Refresh
        While Not Adodc1.Recordset.EOF         ' 循环直到记录集的所有记录都填入到 List 列表中
            cboXM.AddItem Adodc1.Recordset.Fields("作者姓名")   '填入 List 列表
            Adodc1.Recordset.MoveNext              ' 移动记录指针
        Wend
    End Sub
    ' 以下为初始化"体裁"组合框 cboTC 代码
    Sub InitTC()
        ' 从诗词表中读取所有体裁并添加到组合框中
        sqlStr = "select DISTINCT  体裁  from poem "
        Adodc1.RecordSource = sqlStr              ' 重新设置记录集为"体裁"数据
        Adodc1.Refresh
        While Not Adodc1.Recordset.EOF
            cboTC.AddItem Adodc1.Recordset.Fields("体裁")
            Adodc1.Recordset.MoveNext
        Wend
    End Sub
    ' 以下为初始化"类别"组合框 cboLB 代码
    Sub InitLB()
        ' 从诗词表中读取所有类别并添加到组合框中
        sqlStr = "select DISTINCT  类别  from poem"
        Adodc1.RecordSource = sqlStr
        Adodc1.Refresh
        While Not Adodc1.Recordset.EOF
            cboLB.AddItem Adodc1.Recordset.Fields("类别")
            Adodc1.Recordset.MoveNext
        Wend
    End Sub
```

组合框初始化后的界面如图 1.7 所示，添加数据时作者姓名、体裁、类别等数据可以从组合框列表中选择而不必用户输入，这样可以起到两个作用：方便输入和规范数据。

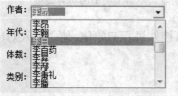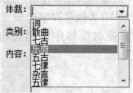

图 1.7　初始化后的组合框

从运行窗体中输入和选择数据后单击"添加"按钮执行以下代码，将输入的记录添加到数据表 poem 中。

```
'添加诗词信息
Private Sub cmdAdd_Click()
    Dim i As Integer
    Dim MAX As Integer              ' 存放最大"诗词编号"值
    Dim zzbh As Integer             ' 存放组合框中选择的"作者姓名"对应的"作者编号"值
    ' 检查信息是否填写完整
    For i = 0 To 2
        If txtPoem(i).Text = "" Then
            MsgBox "请将信息填写完整", vbOKOnly + vbExclamation, "警告"
            Exit Sub
        End If
    Next i
    ' 以下代码根据组合框中选择的作者姓名查找作者编号，以便将输入的记录添加到表 poem 中
    ' 注意，poem 表中无"作者姓名"列，只有"作者编号"列，如果没有找到作者编号
    ' 则说明该作者信息尚未存于 poet 表中，需要先在 poet 表中添加诗人信息
    ' 再添加该诗人的诗词信息
    sqlStr = "select  作者编号  from Poet where" _
            & " [作者姓名]='" & Trim(cboXM.Text) _
            & "' AND" & "[年代]='" & Trim(txtPoem(1).Text) & "'"
    Adodc1.RecordSource = sqlStr
    Adodc1.Refresh
    If Not Adodc1.Recordset.EOF Then
        zzbh = Adodc1.Recordset.Fields("作者编号")
    Else
        MsgBox "没有找到作者相关信息，请先添加作者信息,然后添加诗词信息！", _
                & vbOKOnly + vbExclamation, "警告"
        Exit Sub
    End If
    ' 查找诗词编号最大值
    sqlStr = "select max(诗词编号) from Poem"
    Adodc1.RecordSource = sqlStr
    Adodc1.Refresh
    MAX = Adodc1.Recordset.Fields(0)
    ' 添加新记录
    sqlStr = "select * from Poem"
    Adodc1.RecordSource = sqlStr
    Adodc1.Refresh
    With Adodc1.Recordset
        .AddNew                              ' 添加一条新的空白记录
        .Fields("诗词编号") = MAX + 1        ' 以下为空白记录的各字段赋值
        .Fields("题目") = txtPoem(0).Text
        .Fields("作者编号") = zzbh
        .Fields("年代") = txtPoem(1).Text
        .Fields("体裁") = cboTC.Text
        .Fields("类别") = cboLB.Text
```

```
                .Fields("内容") = txtPoem(2).Text
                .Update                                    ' 将记录加入到数据表中
            End With
            MsgBox "诗词信息添加完成！", vbOKOnly + vbExclamation, "警告"
            clearTextBox                                   ' 清空文本框，以便继续添加数据
            InitXM
            InitTC
            InitLB
        End Sub
        '清除文本框
        Sub clearTextBox()
            txtPoem(0) = ""
            txtPoem(1) = ""
            txtPoem(2) = ""
        End Sub
        '退出"添加诗词"窗体，返回主窗体
        Private Sub cmdCancel_Click()
            Unload Me
        End Sub
```

2. 删改诗词窗体的设计

"删改诗词"窗体布局如图 1.8 所示，4 个命令按钮分别控制查询、修改、删除和返回操作。

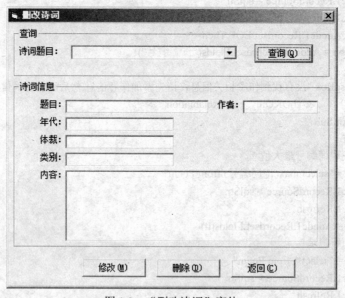

图 1.8　"删改诗词"窗体

考虑到实际情况，为慎重起见，本设计让操作者先输入诗词的题目并进行查询，再确定是否进行删改的操作。若要将查询到的诗词进行删除，直接单击"删除"按钮即可完成操作；若要将查询到的诗词进行修改，则只能对诗词的体裁、类别和内容进行修改，其他项限制为不能修改。

创建"删改诗词"窗体并命名为 frmModifyPoem，按表 1.6 所示向窗体添加控件并设置控件的属性。

表 1.6　frmModifyPoem 窗体的控件及属性设置

控件名称	属性	属性取值	说明
Form	Caption	删改诗词	窗口标题
	Name	frmModifyPoem	对象名称
	StartUpPosition	2-屏幕中心	启动后屏幕位置
Frame	Name	Frame1(0)	对象名称
	Caption	查询	对象标题
	Name	Frame1(1)	对象名称
	Caption	诗词信息	对象标题
ComboBox	Name	cboPoemNo	"诗词题目"组合框名称
Adodc	Name	Adodc1	
	Visible	False	在窗体中不显示
	CommandType	1-adCmdText	
CommandButton	Caption	查询	"查询"按钮提示
	Name	cmdQuery	"查询"按钮名称
TextBox	Name	txtPoem(0)	"题目"文本框名称
	Name	txtPoem(1)	"作者"文本框名称
	Name	txtPoem(2)	"年代"文本框名称
	Name	txtPoem(3)	"体裁"文本框名称
	Name	txtPoem(4)	"类别"文本框名称
	Name	txtPoem(5)	"内容"文本框名称
CommandButton	Caption	修改	"修改"按钮提示
	Name	cmdModify	"修改"按钮名称
	Caption	删除	"删除"按钮提示
	Name	cmdDelete	"删除"按钮名称
	Caption	返回	"返回"按钮提示
	Name	cmdCancel	"返回"按钮名称

　　Label1～Label7 分别标识各控件的名称，将 txtPoem(0)～txtPoem(2)的 Enabled 属性设置为 False，在表 1.6 中未列出。
　　"删改诗词"窗体的程序代码如下：

```
Option Explicit              ' 在模块级别中使用，强制显式声明模块中的所有变量
Public sqlStr As String
Dim PoetNoStr As String      ' 存放诗词编号
' 窗体载入代码
Private Sub Form_Load()
   InitPNo
End Sub
' 初始化组合框 cboPoemNo 代码
Sub InitPNo()
```

```
                    '从诗词信息表中读取诗词题目信息初始化 cboPoemNo
                    sqlStr = "select  题目  from Poem"
                    Adodc1.RecordSource = sqlStr
                    Adodc1.Refresh
                    While Not Adodc1.Recordset.EOF
                        cboPoemNo.AddItem Trim(Adodc1.Recordset.Fields("题目"))
                        Adodc1.Recordset.MoveNext
                    Wend
                End Sub
                ' 在 cboPoemNo 中选择了诗词题目后，查询该诗词信息
                Private Sub cmdQuery_Click()
                    getPoemInfo cboPoemNo.Text
                End Sub
                '从诗词信息表中读取诗词信息并在窗体上显示
                Sub getPoemInfo(no As String)
                sqlStr = "select * from Poem join poet on poem.作者编号=poet.作者编号" _
                        & "where  题目='" & Trim(no) & "'"
                    Adodc1.RecordSource = sqlStr
                    Adodc1.Refresh
                    With Adodc1.Recordset
                        If Not .EOF Then
                            txtPoem(0).Text = .Fields("题目")
                            txtPoem(1).Text = .Fields("作者")
                            PoetNoStr = .Fields("作者编号")
                            txtPoem(2).Text = .Fields("年代")
                            txtPoem(3).Text = .Fields("体裁")
                            txtPoem(4).Text = .Fields("类别")
                            txtPoem(5).Text = .Fields("内容")
                        Else
                            MsgBox "没有找到相关信息，请添加！",vbOKOnly+vbExclamation,"警告"
                            Exit Sub
                        End If
                    End With
                End Sub
```

其中，PoetNoStr 存放查询的诗词记录的作者编号，用于修改信息操作。诗词显示后，可以判断是否删除，若要删除，可执行以下代码：

```
                ' 删除诗词信息
                Private Sub cmdDelete_Click()
                    ' 组合得到完成数据删除的 SQL 语句
                    sqlStr = "select * from Poem where " _
                        & "[题目]='" & Trim(txtPoem(0).Text) _
                        & "' AND" & "[作者编号]=" & Trim(PoetNoStr)
                    Adodc1.RecordSource = sqlStr
                    Adodc1.Refresh
                    If Not Adodc1.Recordset.EOF Then
```

```
            Adodc1.Recordset.Delete
            MsgBox "成功删除数据!!"
            clearTextBox                        ' 清空文本框
        End If
    End Sub
    ' 清空文本框
    Sub clearTextBox()
        Dim i As Integer
        For i = 0 To 5
            txtPoem(i) = ""
        Next
    End Sub
```

诗词显示后若要修改诗词信息，可以执行以下代码：

```
    Private Sub cmdModify_Click()
        '组合得到完成数据修改的 SQL 语句
        sqlStr = "select * from Poem where  题目='" & Trim(txtPoem(0).Text) _
                & "' and  作者编号='" & PoetNoStr & "'"
        Adodc1.RecordSource = sqlStr
        Adodc1.Refresh
        With Adodc1.Recordset
            If Not .EOF Then
                .Fields("体裁") = txtPoem(3).Text
                .Fields("类别") = txtPoem(4).Text
                .Fields("内容") = txtPoem(5).Text
                .Update
                MsgBox "成功修改数据!!"
            Else
                MsgBox "没有找到相关信息，请添加！",vbOKOnly+vbExclamation,"警告"
                Exit Sub
            End If
        End With
    End Sub
    '退出
    Private Sub cmdCancel_Click()
        Unload Me
    End Sub
```

3. 查询诗词窗体的设计

诗词的查询可以按作者、年代、体裁和类别进行。无论选择哪种方式，查询的结果将在
数据网格中显示并同时统计出满足条件的诗词数量。当操作者在网格中单击"查询"按钮显示
结果时，该记录对应诗词的内容将在编辑框中显示出来，以便操作者阅读。"查询诗词"窗体
的布局如图 1.9 所示，两个命令按钮分别控制查询和返回操作。

创建"查询诗词"窗体，命名为 frmQueryPoem，按表 1.7 所示向窗体添加控件并设置控
件的属性。

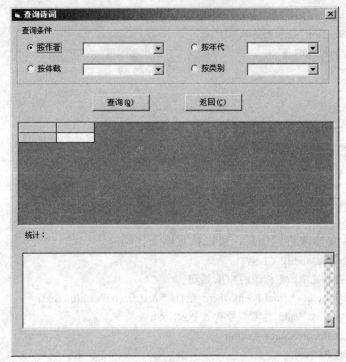

图 1.9　"查询诗词"窗体

表 1.7　frmQueryPoem 窗体的控件及属性设置

控件名称	属性	属性取值	说明
Form	Caption	查询诗词	窗口标题
	Name	frmQueryPoem	对象名称
	StartUpPosition	2-屏幕中心	启动后屏幕位置
OptionButton	Caption	按作者	
	Name	OptQueryPoem(0)	
	Caption	按年代	
	Name	OptQueryPoem(1)	
	Caption	按体裁	
	Name	OptQueryPoem(2)	
	Caption	按类别	
	Name	OptQueryPoem(3)	
ComboBox	Name	cboZZ	"按作者"对象名称
	Name	cboND	"按年代"对象名称
	Name	cboTC	"按体裁"对象名称
	Name	cboLB	"按类别"对象名称
Adodc	Name	Adodc1	
	Visible	False	在窗体中不显示
	CommandType	1-adCmdText	

控件名称	属性	属性取值	说明
CommandButton	Caption	查询	"查询" 按钮提示
	Name	cmdQuery	"查询" 按钮名称
	Caption	返回	"返回" 按钮提示
	Name	cmdCancel	"返回" 按钮名称
DataGrid	Name	DataGrid1	网格对象名称
Label	Caption	统计：	
	Name	Label1	
Label	Caption	（空字符）	用于显示统计结果
	Name	Label2	
TextBox	Name	context	编辑控件对象名称
	MultiLine	True	窗体有滚动条
	ScrollBars	2 - Vertical	窗体有垂直滚动条

"查询诗词"窗体的程序代码如下：

```
Option Explicit            ' 在模块级别中使用，强制显式声明模块中的所有变量
Public sqlStr As String         ' 用于存放 SQL 命令
'窗体载入时初始化 4 个组合框，通过 ADO 数据控件获取各数据记录集
Private Sub Form_Load()
    InitZZ
    InitND
    InitTC
    InitLB
End Sub
' 在组合框 cboZZ 的列表中列出所有的作者名称
Sub InitZZ()
    ' 从诗词表中读取所有的作者名称并添加到组合框中
    Adodc1.RecordSource = "select 作者  from poet"
    Adodc1.Refresh
    While Not Adodc1.Recordset.EOF
        cboZZ.AddItem Adodc1.Recordset.Fields("作者")
        Adodc1.Recordset.MoveNext
    Wend
End Sub
' 在组合框 cboND 的列表中列出所有年代
Sub InitND()
    ' 从诗词表中读取所有年代并添加到组合框中
    Adodc1.RecordSource = "select distinct 年代  from poem"
    Adodc1.Refresh
    While Not Adodc1.Recordset.EOF
        cboND.AddItem Adodc1.Recordset.Fields("年代")
        Adodc1.Recordset.MoveNext
    Wend
```

```
        End Sub
        ' 在组合框 cboTC 的列表中列出所有体裁
        Sub InitTC()
            ' 从诗词表中读取所有体裁并添加到组合框中
            Adodc1.RecordSource = "select distinct  体裁  from poem"
            Adodc1.Refresh
            While Not Adodc1.Recordset.EOF
                cboTC.AddItem Adodc1.Recordset.Fields("体裁")
                Adodc1.Recordset.MoveNext
            Wend
        End Sub
        ' 在组合框 cboLB 的列表中列出所有类别
        Sub InitLB()
            '从诗词表中读取所有类别并添加到组合框中
            Adodc1.RecordSource = "select distinct  类别  from poem"
            Adodc1.Refresh
            While Not Adodc1.Recordset.EOF
                cboLB.AddItem Adodc1.Recordset.Fields("类别")
                Adodc1.Recordset.MoveNext
            Wend
        End Sub
```

以下代码实现：当操作者选择作者、年代、体裁和类别等组合框的列表项时，对应控件前的单选按钮也被选择。

```
        ' 选择 "按作者" 查询
        Private Sub cboZZ_Click()
            optQueryPoem(0).Value = True
        End Sub
        ' 选择 "按年代" 查询
        Private Sub cboND_Click()
            optQueryPoem(1).Value = True
        End Sub
        ' 选择 "按体裁" 查询
        Private Sub cboTC_Click()
            optQueryPoem(2).Value = True
        End Sub
        ' 选择 "按类别" 查询
        Private Sub cboLB_Click()
            optQueryPoem(3).Value = True
        End Sub
```

当选定了作者、年代、体裁和类别后，单击"查询"按钮可以查找出与之对应的记录集，并显示在数据网格 DataGrid1 中。以下代码实现该功能。

```
        Private Sub cmdQuery_Click()            ' 单击 "查询" 按钮时响应该事件
            queryPoems                          ' 调用 queryPoems 子过程
        End Sub
        ' 子过程 queryPoems 根据选择的条件查询诗词信息
        Sub queryPoems()
            sqlStr = "select  题目,作者,poem.年代,体裁,类别,内容  " _
```

```
                    & "from poem join poet on poem.作者编号=poet.作者编号 " _
                    & "where    "
        If optQueryPoem(0).Value = True Then
            sqlStr = sqlStr & "  作者='" & Trim(cboZZ.Text) & "'"
        End If
        If optQueryPoem(1).Value = True Then
            sqlStr = sqlStr & " poem.年代='" & Trim(cboND.Text) & "'"
        End If
        If optQueryPoem(2).Value = True Then
            sqlStr = sqlStr & "  体裁='" & Trim(cboTC.Text) & "'"
        End If
        If optQueryPoem(3).Value = True Then
            sqlStr = sqlStr & "  类别='" & Trim(cboLB.Text) & "'"
        End If
        sqlStr = sqlStr & "order by  作者"
        Adodc1.RecordSource = sqlStr
        Adodc1.Refresh
        If Adodc1.Recordset.RecordCount = 0 Then
            MsgBox "没有查找到满足条件的数据！", vbExclamation, "提示"
        Else
            Set DataGrid1.DataSource = Adodc1
            DataGrid1.Columns(1).Width = 1000        ' 设置网格列宽
            DataGrid1.Columns(2).Width = 600
            DataGrid1.Columns(3).Width = 600
            DataGrid1.Columns(4).Width = 600
            DataGrid1.Refresh
        End If
        Label2.Caption = "共查询到" & Adodc1.Recordset.RecordCount & "条记录"
    End Sub
```

子过程 queryPoems 中的查询字符串 sqlStr 确定了记录集的字段只包括题目、作者、年代、体裁、类别、内容 6 项，由于涉及到作者姓名，所以采用两表联接查询。

Adodc1 获取满足条件的记录集后将其绑定在数据网格 DataGrid1 中，并设置了每列的显示宽度。

给 Label2.Caption 属性赋值，使之显示查询到的记录条数。

当操作者单击数据网格 DataGrid1 的记录行时，在文本框 context 中显示该记录的"内容"字段的详细信息，以下代码实现此功能。

```
        Private Sub DataGrid1_Click()
            With context
                .FontSize = 14
                .Font = "华文行楷"
                .ForeColor = &H404040
                .BackColor = &H80FF&
                .Text = DataGrid1.Columns("内容").CellText(DataGrid1.Bookmark)
                .Locked = True
            End With
        End Sub
```

```
'退出
Private Sub cmdCancel_Click()
        Unload Me
End Sub
```

1.3.3 诗人管理模块

诗人管理模块可以实现以下功能：添加诗人信息、删改诗人信息、查询诗人信息。

1. 添加诗人信息窗体的设计

"添加诗人信息"窗体布局如图 1.10 所示，两个命令按钮分别控制添加和返回操作。

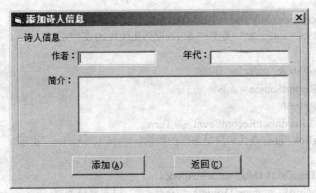

图 1.10 "添加诗人信息"窗体

创建"添加诗人信息"窗体并命名为 frmAddPoet，按表 1.8 所示向窗体添加控件并设置控件的属性。

表 1.8 frmAddPoet 窗体的控件及属性设置

控件名称	属性	属性取值	说明
Form	Caption	添加诗人信息	窗口标题
	Name	frmAddPoet	对象名称
	StartUpPosition	2-屏幕中心	启动后屏幕位置
Frame	Name	Frame1	对象名称
	Caption	诗人信息	对象标题
TextBox	Name	txtPoet(0)	"作者"文本框名称
	Name	txtPoet(1)	"年代"文本框名称
	Name	txtPoet(2)	"简介"文本框名称
Adodc	Name	Adodc1	
	Visible	False	在窗体中不显示
	CommandType	1-adCmdText	
CommandButton	Caption	添加	"添加"按钮提示
	Name	cmdAdd	"添加"按钮名称
	Caption	返回	"返回"按钮提示
	Name	cmdCancel	"返回"按钮名称

控件对象 Label1～Label3 标识作者、年代、简介对象，其属性在表 1.8 中未列出。

添加诗人信息窗体的程序代码如下：

```
Option Explicit                    ' 在模块级别中使用，强制显式声明模块中的所有变量
Public sqlStr As String
' 当用户输入了诗人信息后，单击"添加"按钮执行以下代码添加诗人信息到表 Poet 中
Private Sub cmdAdd_Click()
    Dim i As Integer
    Dim MAX As Integer
    ' 循环检查文本框中的信息是否填写完整
    For i = 0 To 2
        If txtPoet(i).Text = "" Then
            MsgBox "请将信息填写完整", vbOKOnly + vbExclamation, "警告"
            Exit Sub
        End If
    Next i
    ' 查找作者编号的最大值
    sqlStr = "select max(作者编号) from Poet"
    Adodc1.RecordSource = sqlStr
    Adodc1.Refresh
    MAX = Adodc1.Recordset.Fields(0)
    ' 添加新记录
    sqlStr = "select * from Poet"
    Adodc1.RecordSource = sqlStr
    Adodc1.Refresh
    With Adodc1.Recordset
        .AddNew
        .Fields("作者编号") = MAX + 1
        .Fields("作者") = txtPoet(0).Text
        .Fields("年代") = txtPoet(1).Text
        .Fields("简介") = txtPoet(2).Text
        .Update
    End With
    MsgBox "诗人信息添加完成！", vbOKOnly + vbExclamation, "警告"
    clearTextBox                    ' 为下次添加诗人信息清空文本输入框
End Sub
' clearTextBox 子过程的功能是清除文本框的内容
Sub clearTextBox()
    Dim i As Integer
    For i = 0 To 2
        txtPoet(i).Text = ""
    Next i
    txtPoet(0).SetFocus            ' 设置 txtPoet(0)获得焦点
End Sub
Private Sub cmdCancel_Click()                '退出
    Unload Me
End Sub
```

2. 删改诗人信息窗体的设计

"删改诗人信息"窗体布局如图 1.11 所示，窗体的 4 个命令按钮分别控制查询、修改、删除和返回操作。

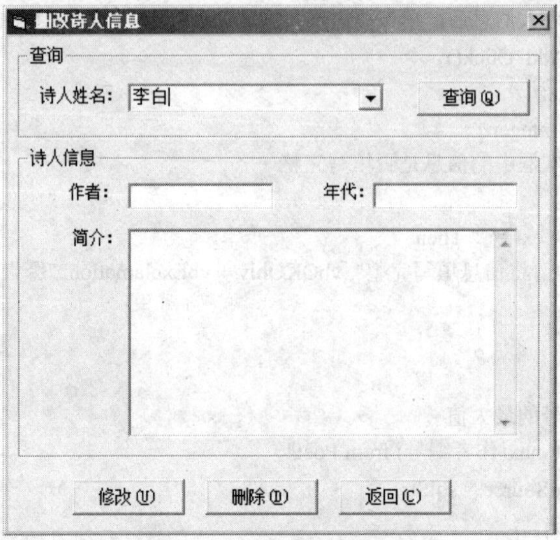

图 1.11   "删改诗人信息"窗体

对诗人信息的删改是通过先查询诗人信息，然后确定是否进行删改的操作。若要将查询到的诗人信息进行删除，直接单击"删除"按钮即可完成；若要将查询到的诗人信息进行修改，就只能对诗词的"内容"字段进行修改，其他项不能修改。

创建"删改诗人信息"窗体并命名为 frmUpdatePoet，按表 1.9 所示向窗体添加控件并设置控件的属性。

表 1.9   frmUpdatePoet 窗体的控件及属性设置

控件名称	属性	属性取值	说明
Form	Caption	删改诗人信息	窗口标题
	Name	frmUpdatePoet	对象名称
	StartUpPosition	2-屏幕中心	启动后屏幕位置
Frame	Name	Frame1(0)	对象名称
	Caption	查询	对象标题
ComboBox	Name	cboPoetName	"诗人姓名"组合框
Adodc	Name	Adodc1	
	Visible	False	在窗体中不显示
	CommandType	1-adCmdText	
CommandButton	Caption	查询	"查询"按钮提示
	Name	cmdQuery	"查询"按钮名称
Frame	Name	Frame1(1)	对象名称
	Caption	诗人信息	对象标题

控件名称	属性	属性取值	说明
TextBox	Name	txtPoet(0)	"作者"文本框名称
	Enabled	False	限制修改
TextBox	Name	txtPoet(1)	"年代"文本框名称
	Enabled	False	限制修改
TextBox	Name	txtPoet(2)	"简介"文本框名称
CommandButton	Caption	修改	"修改"按钮提示
	Name	cmdUpdate	"修改"按钮名称
	Caption	删除	"删除"按钮提示
	Name	cmdDelete	"删除"按钮名称
	Caption	返回	"返回"按钮提示
	Name	cmdCancel	"返回"按钮名称

标签控件 Label1～Label4 分别标识诗人姓名、作者、年代、简介的控件对象，其属性值在表 1.9 中未列出。

删改诗人信息窗体的程序代码如下：

```
Option Explicit                          ' 在模块级别中使用，强制显式声明模块中的所有变量
Public sqlStr As String
' 以下为窗体载入代码
Private Sub Form_Load()
    InitcboPoetName                      ' 初始化组合框
    clearTextBox                         ' 清空文本框
End Sub
' 清除文本框内容
Sub clearTextBox()
    Dim i As Integer
    For i = 0 To 2
        txtPoet(i).Text = ""
    Next i
End Sub
' 初始化组合框列表数据为作者姓名
Sub InitcboPoetName()
    sqlStr = "select * from Poet order by 诗人姓名"
    Adodc1.RecordSource = sqlStr
    Adodc1.Refresh
    While Not Adodc1.Recordset.EOF
        cboPoetName.AddItem Trim(Adodc1.Recordset.Fields("诗人姓名"))
        Adodc1.Recordset.MoveNext
    Wend
End Sub
' 单击"查询"按钮执行以下代码
Private Sub cmdQuery_Click()
    getPoetInfo cboPoetName.Text         ' 按组合框选取数据获取诗人信息
End Sub
```

```
' getPoetInfo 子过程的功能是根据组合框获取诗人信息
Sub getPoetInfo(name As String)
    '从诗人信息表中查找诗人信息并在窗体上显示出来供修改
    sqlStr = "select * from Poet where" _
             & " 作者='" & cboPoetName.Text & "'"
    Adodc1.RecordSource = sqlStr
    Adodc1.Refresh
    With Adodc1.Recordset
        If Not .EOF Then
            txtPoet(0).Text = Trim(.Fields("作者"))
            txtPoet(1).Text = Trim(.Fields("年代"))
            txtPoet(2).Text = Trim(.Fields("简介"))
        Else
            MsgBox "没有找到相关信息，请添加！",vbOKOnly+vbExclamation,"警告"
            Exit Sub
        End If
    End With
End Sub
' 单击 "删除" 按钮执行以下代码删除诗人信息
Private Sub cmdDelete_Click()
    ' 组合得到完成数据删除的 SQL 语句
    sqlStr = "select * from Poet where" _
             & " [作者]='" & Trim(txtPoet(0).Text) _
             & "' AND" & "[年代]='" & Trim(txtPoet(1).Text) & "'"
    Adodc1.RecordSource = sqlStr
    Adodc1.Refresh
    Adodc1.Recordset.Delete
    If Adodc1.Recordset.RecordCount = 0 Then
        MsgBox "成功删除数据!!"
        clearTextBox
    End If
End Sub
' 单击 "修改" 按钮执行以下代码修改诗人信息
Private Sub cmdUpdate_Click()
    '组合得到完成数据修改的 SQL 语句
    sqlStr = "select * from Poet where" _
             & " [作者]='" & Trim(txtPoet(0).Text) _
             & "' AND" & "[年代]='" & Trim(txtPoet(1).Text) & "'"
    Adodc1.RecordSource = sqlStr
    Adodc1.Refresh
    Adodc1.Recordset.Fields("简介") = Trim(txtPoet(2).Text)
    Adodc1.Recordset.Update
    MsgBox "成功修改数据!!"
    clearTextBox
End Sub
' 退出
Private Sub cmdCancel_Click()
    Unload Me
End Sub
```

3. 查询诗人信息窗体的设计

查询诗人窗体可以按诗人姓名查询，也可以查询全部诗人。查询的效果同查询诗词基本相同，这里不再赘述。

"查询诗人"窗体布局如图 1.12 所示，两个命令按钮分别控制查询和返回操作。

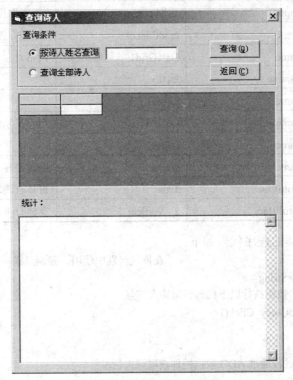

图 1.12 "查询诗人"窗体

创建"查询诗人"窗体并命名为 frmQueryPoet，按表 1.10 所示向窗体添加控件并设置控件的属性。

表 1.10 frmQueryPoet 窗体的控件及属性设置

控件名称	属性	属性取值	说明
Form	Caption	查询诗人	窗口标题
	Name	frmQueryPoet	对象名称
	StartUpPosition	2-屏幕中心	启动后屏幕位置
OptionButton	Caption	按诗人姓名查询	
	Name	optQueryPoet(0)	
	Caption	查询全部诗人	
	Name	optQueryPoet(1)	
TextBox	Name	txtName	"按诗人姓名查询"对象名称
Adodc	Name	Adodc1	
	Visible	False	在窗体中不显示
	CommandType	1-adCmdText	

续表

控件名称	属性	属性取值	说明
CommandButton	Caption	查询	"查询"按钮提示
	Name	cmdQuery	"查询"按钮名称
	Caption	返回	"返回"按钮提示
	Name	cmdCancel	"返回"按钮名称
DataGrid	Name	DataGrid1	网格对象名称
Label	Caption	统计：	
	Name	Label1	
Label	Caption	（空字符）	用于显示统计结果
	Name	Label2	
TextBox	Name	context	编辑控件对象名称
	MultiLine	True	窗体有滚动条
	ScrollBars	2 - Vertical	窗体有垂直滚动条

"查询诗人"窗体的程序代码如下：

```
Option Explicit                              ' 在模块级别中使用，强制显式声明模块中的所有变量
Public sqlStr As String
' 单击"查询"按钮执行以下代码查询诗人信息
Private Sub cmdQuery_Click()
    queryPoets
End Sub
' queryPoets 子过程通过 ADO 数据控件获取诗人信息
Sub queryPoets()
    If optQueryPoet(0).Value = True Then
        sqlStr = "select * from Poet where" _
                & " 诗人姓名  LIKE '%" & txtName.Text & "%'"
    End If
    If optQueryPoet(1).Value = True Then
        sqlStr = "select * from Poet"
    End If
    Adodc1.RecordSource = sqlStr
    Adodc1.Refresh
    context = ""
    Set DataGrid1.DataSource = Adodc1
    If Adodc1.Recordset.RecordCount = 0 Then
        MsgBox "没有查找到满足条件的数据！", vbExclamation, "提示"
    Else
        DataGrid1.Columns(0).Width = 800
        DataGrid1.Columns(1).Width = 1000
        DataGrid1.Columns(2).Width = 600
        DataGrid1.Columns(3).Width = 2500
    End If
    Label2.Caption = "共查询到" & Adodc1.Recordset.RecordCount & "条记录"
```

```
        End Sub
    ' 单击 DataGrid1 的行, 显示诗人简介
    Private Sub DataGrid1_Click()
        With context
            .FontSize = 14
            .Font = "华文行楷"
            .ForeColor = &H404040
            .BackColor = &H80FF&
            .Text = DataGrid1.Columns("简介").CellText(DataGrid1.Bookmark)
            .Locked = True
        End With
    End Sub
    ' 退出
    Private Sub cmdCancel_Click()
        Unload Me
    End Sub
```

1.3.4　帮助模块

帮助模块下设有"关于"命令, 单击此命令则打开"关于诗词管理"窗体, 此窗体的布局如图 1.13 所示, 两个命令按钮分别控制确定和系统信息操作。

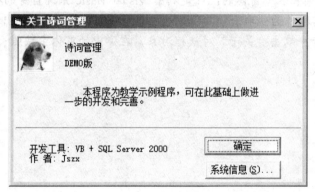

图 1.13　"关于诗词管理"窗体

创建"关于诗词管理"窗体并命名为 frmAbout, 按表 1.11 所示向窗体添加控件并设置控件的属性。

表 1.11　frmAbout 窗体的控件及属性设置

控件名称	属性	属性取值	说明
Form	Caption	关于诗词管理	窗口标题
	Name	frmAbout	对象名称
	StartUpPosition	2-屏幕中心	启动后屏幕位置
PictureBox	Name	picIcon	对象名称
	Picture		BMP 或 JPG 文件

续表

控件名称	属性	属性取值	说明
Label	Caption	诗词管理	
	Name	lblTitle	
	Caption	DEMO 版	
	Name	lblVersion	
	Caption	本程序为教学示例程序，可在此基础上做进一步的开发和完善	
	Name	lblDescription	
	Caption	开发工具: VB+SQL Server 2000 作者：Jszx	
	Name	lblDisclaimer	
CommandButton	Caption	确定	"确定"按钮提示
	Name	cmdOK	"确定"按钮名称
	Caption	系统信息	"系统信息"按钮提示
	Name	cmdSysInfo	"系统信息"按钮名称

　　注意："关于诗词管理"窗体的设计是利用 Visual Basic 系统自身的模块，并对其进行简单修改而得到的。其操作为：单击"工程"→"添加窗体"命令，在弹出的"添加窗体"对话框的"新建"选项卡中双击"关于"对话框对象，在弹出的窗体中按照表 1.11 中的要求进行修改。

案例 2　法院执行案件信息管理系统

法院执行案件信息管理系统（Court Executive Case Information Manager System，CECIMS）是指利用计算机对法院执行案件信息进行收集、存储、处理、提取和数据交换的综合型的计算机应用系统。主要目标是支持法院的行政管理与案件的处理，减轻法院人员的劳动强度，提高法院的工作效率。本案例介绍如何使用 Visual Basic 语言设计一个 SQL Server 环境下的法院执行案件信息管理系统。

2.1　系统需求分析

本系统以法院执行案件这个活动为基点，对法院执行案件过程中产生的信息进行计算机管理。

1. 系统需求

法院执行案件信息管理的主要功能是：查询和编辑法官的各项基本信息，包括法官的编号、姓名、性别、所属法院级别信息；查询和编辑律师的各项基本信息，包括律师的编号、姓名、性别、所在事务所信息；查询和编辑案例的各项基本信息，包括案例的案号、案由、当事人、审理法院、审判时间、案件事实等。

2. 功能需求

根据系统需求分析，本系统的功能要求如下：

（1）法官信息管理。法官信息管理的功能是设置和管理法官的基本信息。在权限范围内可以进行法官的数据录入、修改、删除和查询。

（2）律师信息管理。律师信息管理的功能是设置和管理律师的基本信息。在权限范围内可以进行律师的数据录入、修改、删除和查询。

（3）案例信息管理。案例信息管理的功能是设置和管理案例的类型和数据。在权限范围内可以进行案例的数据录入、修改、删除和查询。

（4）系统管理。系统管理的功能主要是实现系统登录和系统退出。用户在登录时，可以选择不同身份登录（如管理员、普通用户身份）；当系统正在运行时，也可以重新改变身份登录以获取不同权限。选择"系统退出"命令能正常退出系统，回到 Windows 环境。

3. 性能需求

（1）硬件环境。

处理器：Intel Pentium 43.06GB 或更高

内存：256MB

硬盘空间：40GB

显卡：SVGA 显示适配器

（2）软件环境。

操作系统：Windows 2000/XP

数据库：Microsoft SQL Server 2000

2.2 系统设计

2.2.1 系统功能设计

法院执行案件信息管理系统主要实现法官信息管理、律师信息管理、案例信息管理和系统管理的功能，包含的系统功能模块如图 2.1 所示。

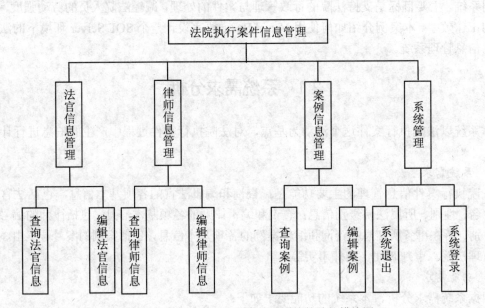

图 2.1 法院执行案件信息管理系统的功能模块图

下面是系统各模块的功能。

1. 法官信息管理模块

法官信息管理模块分为查询法官信息和编辑法官信息子模块。

（1）查询法官信息子模块：在此模块下可以按编号、姓名和法官所属法院级别查询法官的信息，也可以查询全部法官的所有信息。

（2）编辑法官信息子模块：在此模块下可以进行查询、添加、修改和删除法官信息。

2. 律师信息管理模块

律师信息管理模块分为查询律师信息和编辑律师信息子模块。

（1）查询律师信息子模块：在此模块下可以按编号、姓名和律师所属事务所查询律师的信息，也可以查询全部律师的所有信息。

（2）编辑律师信息子模块：在此模块下可以进行查询、添加、修改和删除律师信息。

3. 案例信息管理模块

案例信息管理模块分为查询案例信息和编辑案例信息子模块。

（1）查询案例子模块：在此模块下可以对案例的信息进行查询。

（2）编辑案例子模块：在此模块下可以分别按案号、案由、日期对案例进行查询，还可以进行添加、修改和删除案例信息。

4. 系统管理模块

（1）系统退出：用于退出系统。

（2）系统登录：用于选择不同用户方式登录系统。

2.2.2 数据库设计

1. 数据库概念结构设计

根据上面设计规划出的实体有法官实体、律师和案例实体，它们之间的联系如图 2.2 所示。

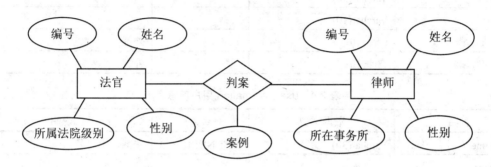

图 2.2 法官实体、律师和案例实体之间联系的 E-R 图

2. 数据库逻辑结构设计

将数据库概念结构转化为 SQL Server 数据库系统所支持的数据模型，即数据库的逻辑结构，以形成数据库中表及各个表之间的关系。

法院执行案件信息管理系统数据库中包含法官信息表 judgeInformation、律师信息表 lawyerInformation、案例信息表 caseInformation、用户信息表 userInformation，各个数据表的设计如表 2.1 至表 2.4 所示。每个表表示数据库中的一个数据表。

表 2.1 judgeInformation 法官信息表

列名	数据类型	是否为空	说明
编号	Char(10)	NOT NULL	主键
姓名	Varchar(30)		
性别	Char(10)		
所属法院级别	Varchar(50)		

表 2.2 lawyerInformation 律师信息表

列名	数据类型	是否为空	说明
编号	Char(10)	NOT NULL	主键
姓名	Varchar(30)		
性别	Char(10)		
所在事务所	Varchar(50)		

表 2.3　caseInformation 案例信息表

列名	数据类型	是否为空	说明
案号	Varchar(100)	NOT NULL	主键
案由	Varchar(50)		
当事人	Varchar(100)		
案例事实	Varchar(500)		
审理法院	Varchar(50)		
判决时间	Varchar(10)		
执行法官编号	Char(10)		外键
辩护律师编号	Char(10)		外键

表 2.4　userInformation 用户信息表

列名	数据类型	是否为空	说明
username	Varchar(30)	NOT NULL	主键，用户名
password	Varchar(30)		登录密码
type	Char(10)	NOT NULL	用户类型

注意：用户信息表是考虑到对系统进行权限限制而设计的。

3. 创建数据库对象

经过需求分析和概念结构设计后，得到法院执行案件信息管理系统数据库 CourtM 的逻辑结构。SQL Server 逻辑结构的实现可以在企业管理器或 SQL 查询分析器中进行。在企业管理器中实现的基本步骤是：

（1）创建数据库 CourtM 并对数据库进行相关设置。

（2）创建数据表结构

（3）向各数据表输入记录。

（4）创建表间的联系（建立关系图）。

2.3　系统实现

2.3.1　法院执行案件信息管理系统主窗体的创建

这里使用 Visual Basic 进行法院执行案件信息管理系统的功能模块和数据库系统的客户端程序的实现。

1. 创建工程项目 prjCaseM

启动 Visual Basic 后，单击"文件"→"新建工程"命令，在工程模板中选择"标准 EXE"选项。单击"文件"→"保存工程"命令，以 prjCaseM.vbp 为工程名保存工程。

2. 创建公用模块 Module1

在工程浏览器中的"窗体"快捷菜单中单击"添加"→"添加模块"命令，在"属性"栏中把模块名称修改为 Module1 并以 Module1.bas 为公用模块名保存模块。

在 Module1 模块的全局声明区中定义公共变量,代码如下:

```
Option Explicit                    '强制声明变量后才能使用
Public flag As Integer             '定义 flag 为全局变量
Public userID As String            '定义 userID 为全局变量,标记当前用户 ID
Public usertype As Integer         '定义 usertype 为全局变量,标记当前用户类型
Public ingid As Recordset          '定义 ingid 为全局变量,标记记录集
```

本系统使用 ADO 数据控件来访问数据库,需要通过单击"工程"→"部件"命令选择 Microsoft ADO Data Control 6.0(OLE DB)选项,将 ADO 数据控件添加到工具箱。

3. 创建系统登录窗体

在工程中添加一个窗体并命名为 frmlogin.frm 来作为系统登录窗体,系统登录窗体的界面设计如图 2.3 所示。

图 2.3 "登录管理系统"窗体

系统登录窗体起到权限限制作用。当操作者输入了用户名、密码和权限时,系统就打开 CourtM 数据库中的 userInformation 用户登录数据表进行识别,若用户名和密码正确,操作者就可以登录到法院执行案件信息管理系统中,同时系统根据权限的类别授予权限范围,若选择"管理员"身份登录则可操作整个系统;若选择"普通用户"登录则只能对系统中的查询项进行操作。否则就不能访问法院执行案件信息管理系统。登录窗体默认 userInformation 表中第一条记录的用户名,只要输入正确的密码和权限就可以登录系统。然后按表 2.5 所示向窗体添加控件并设置控件的属性。

表 2.5 frmlogin.frm 窗体的控件及属性设置

控件名称	属性	属性取值	说明
Form	Caption	登录管理系统	窗口标题
	Name	frmlogin	对象名称
	StartUpPosition	2-屏幕中心	启动后屏幕位置
TextBox	Name	txtuser	"用户名"文本框名称
	Name	txtpwd	"密码"文本框名称
ComboBox	Name	Combo1	
Adodc	Name	Adodc1	
	Visible	False	在窗体中不显示
	CommandType	1-adCmdText	

控件名称	属性	属性取值	说明
CommandButton	Caption	确定	"确定"按钮提示
	Name	Command1	"确定"按钮名称
	Caption	取消	"取消"按钮提示
	Name	Command2	"取消"按钮名称

系统登录窗体的代码如下：

```
'通用区定义变量 cnt
Option Explicit
Dim cnt As Integer                          '声明变量 cnt，用于记录密码输入次数
'窗体运行时初始化过程
Private Sub Form_Load()
    Combo1.ListIndex = 0
    If userID = "" Then
        cnt = 0
        txtuser.Text = "邓平平"
        txtpwd.Text = "123"
    End If
End Sub
'单击"确定"按钮执行
Private Sub Command1_Click()
    Dim sqlStr As String
    If Trim(txtuser.Text) = "" Then          '判断输入的用户名是否为空
        MsgBox "请输入用户名", vbOKOnly + vbExclamation, ""
        txtuser.SetFocus
    Else
        sqlStr = "select * from userInformation where username='" _
                    & Trim(txtuser) & "'"
        Adodc1.RecordSource = sqlStr
        Adodc1.Refresh
        If Adodc1.Recordset.EOF Then
            MsgBox "没有这个用户", vbOKOnly + vbExclamation, ""
            txtuser.SetFocus
        Else                                  '检验密码是否正确
            If Trim(Adodc1.Recordset.Fields("type")) <> Trim(Combo1.Text) Then
                MsgBox "没有符合条件的用户", vbOKOnly + vbExclamation, ""
            Else
                If Trim(Adodc1.Recordset.Fields("password")) = Trim(txtpwd) Then
                    userID = txtuser
                    If Combo1.Text = "管理员" Then
                        usertype = 1
                    Else
                        usertype = 2
```

```
                End If
                Unload Me
                CECIMSfrmMain.Show
            Else
                MsgBox "密码不正确", vbOKOnly + vbExclamation, ""
                txtpwd.SetFocus
            End If
        End If
    End If
End If
cnt = cnt + 1
If cnt = 3 Then
    Unload Me
End If
End Sub
'单击"取消"按钮执行
Private Sub Command2_Click()
    Unload Me
End Sub
```

4. 创建系统主窗体

主界面窗体采用 MDI 窗体。创建 MDI 窗体时单击"工程"→"添加 MDI 窗体"命令打开"添加 MDI 窗体"对话框，单击"打开"按钮即建立了 MDI 窗体。然后单击工具栏中的"菜单编辑器"创建主窗体的菜单和二级菜单（菜单标题、菜单名称、调用对象等如表 2.6 所示），生成一个如图 2.4 所示的主窗体 CECIMSfrmMain，其 Caption 属性为"法院执行案件信息管理系统"，Picture 属性为 Bitmap，即指定一个图片，最后将主窗体以文件名 CECIMSfrmMain.frm保存。

表 2.6　菜单标题、名称及调用对象说明

菜单标题	菜单名称	调用对象
法官信息管理	judge_manage	
… 查询法官信息	judge_search	findjudge
… 编辑法官信息	judge_edit	modijudge
律师信息管理	lawyer_manage	
… 查询律师信息	lawyer_search	findlawyer
… 编辑律师信息	lawyer_edit	modilawyer
案例信息管理	case_manage	
… 查询案例	case_search	findcase
… 编辑案例	case_edit	modicase
系统管理	system_manage	
… 系统退出	system_exit	
… 系统登录	system_login	

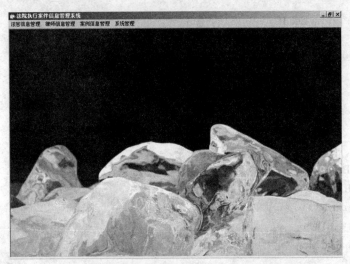

图 2.4　"法院执行案件信息管理系统"主窗体

　　在设计系统主窗体时考虑到登录系统的权限，主菜单下均设有两个子菜单项，分别单击"查询法官信息"、"查询律师信息"、"查询案例"子菜单项实现相应信息的查询，普通用户只能使用这些查询操作；分别单击"编辑法官信息"、"编辑律师信息"、"编辑案例"子菜单项可以实现添加法官信息、查询法官信息、修改法官信息和删除法官信息功能，这些编辑操作必须是管理员才可以使用。"系统管理"菜单下也设置了一个"系统登录"子菜单，这是考虑到用户在登录系统后可重新使用不同权限登录而设置的。

　　系统主窗体的程序代码如下：

```
'查询法官信息
Private Sub judge_search_Click()
    findjudge.Show
End Sub
'编辑法官信息
Private Sub judge_edit_Click()
    If usertype = 1 Then
        modijudge.Show 1
    Else
        MsgBox "仅限制系统管理员有权限进行此操作！", vbOKOnly + vbExclamation, ""
    End If
End Sub
'查询律师信息
Private Sub lawyer_search_Click()
    findlawyer.Show
End Sub
'编辑律师信息
Private Sub lawyer_edit_Click()
    If usertype = 1 Then
        modilawyer.Show 1
    Else
        MsgBox "仅限制系统管理员有权限进行此操作！", vbOKOnly + vbExclamation, ""
    End If
```

```
End Sub
'查询案件
Private Sub case_search_Click()
    findCase.Show
End Sub
'编辑案件
Private Sub case_edit_Click()
    If usertype = 1 Then
        modicase.Show 1
    Else
        MsgBox "仅限制系统管理员有权限进行此操作！", vbOKOnly + vbExclamation, ""
    End If
End Sub
'系统登录
Private Sub system_login_Click()
    frmlogin.Show
End Sub
'系统退出
Private Sub system_exit_Click()
    Unload Me
End Sub
```

2.3.2 法官信息管理模块

法官信息管理模块主要实现查询法官信息、添加法官信息、修改法官信息和删除法官信息功能。

1. 查询法官信息窗体的设计

查询法官信息窗体布局如图 2.5 所示，窗体上的 3 个命令按钮分别控制查询、刷新和返回操作。在此窗体中，用户可以选择编号、所属法院级别或姓名进行查询，只要选择其中任意一种方式并通过下拉组合框选择查询对象或在文本框中输入查询对象，单击"查询"按钮，则在网格中显示查询到的相应内容；单击"刷新"按钮，系统将刷新网格中所有法官的全部信息内容；单击"返回"按钮，系统返回主窗体界面。

图 2.5 "查询法官信息"窗体

创建"查询法官信息"窗体并命名为 findjudge.frm，按表 2.7 所示向窗体添加控件并设置控件的属性。

表 2.7　findjudge.frm 窗体的控件及属性设置

控件名称	属性	属性取值	说明
Form	Caption	查询法官信息	窗口标题
	Name	findjudge	对象名称
	StartUpPosition	2-屏幕中心	启动后屏幕位置
OptionButton	Name	Option1	单选按钮
	Caption	编号	
	Name	Option2	
	Caption	所属法院级别	
	Name	Option3	
	Caption	姓名	
ComboBox	Name	Combo1	"编号"组合框
	Name	Combo2	"所属法院级别"组合框
TextBox	Name	Text1	"姓名"文本框名称
DataGrid	Name	rsgrid	数据网格
CommandButton	Caption	返回	命令按钮
	Name	Command1	
	Caption	查询	
	Name	Command2	
	Caption	刷新	
	Name	Command3	
Adodc	Name	Adodc1	Adodc1 与数据库建立连接，给网格提供数据
	CommandType	1-adCmdText	
	RecordSource	select * from judgeInformation	
	Name	Adodc2	Adodc2 与数据库建立连接，给下位组合框提供数据
	CommandType	1-adCmdText	
	RecordSource	select * from judgeInformation	

"查询法官信息"窗体的程序代码如下：

```
Option Explicit
Private Query As String                    '定义保存 SQL 语句的变量
'执行 Form_Load()
Private Sub Form_Load()
    Call fresh                             '调用 fresh 过程
End Sub
'设置 fresh 过程，给查询窗体开始界面网格和组合框提供数据
Private Sub fresh()
```

```
        Dim strQuery, sql As String
        sql = "SELECT 编号  FROM judgeInformation"          ' 设置编号列表
        Adodc2.RecordSource = sql
        Adodc2.Refresh
        Do While Not Adodc2.Recordset.EOF
            Combo1.AddItem Adodc2.Recordset.Fields(0)
            Adodc2.Recordset.MoveNext
        Loop
        Combo1.ListIndex = 0
        ' 设置所属法院级别列表
        sql = "select distinct  所属法院级别  from judgeInformation"
        Adodc2.RecordSource = sql
        Adodc2.Refresh
        While Not Adodc2.Recordset.EOF
            Combo2.AddItem Adodc2.Recordset(0)
            Adodc2.Recordset.MoveNext
        Wend
        Combo2.ListIndex = 0
        strQuery = "select * from judgeInformation   "        ' 设置网格数据集
        Adodc1.RecordSource = strQuery
        Adodc1.Refresh
        Set rsgrid.DataSource = Adodc1
        rsgrid.Refresh
        Option1.Value = False                                   ' 设置单选按钮
        Option2.Value = False
        Option3.Value = False
    End Sub
    '单击对应“编号”的组合框
    Private Sub Combo1_Click()
        Option1.Value = True
        Call setSQL
        If Query = "" Then Exit Sub
        Adodc1.RecordSource = Query
        Adodc1.Refresh
        Set rsgrid.DataSource = Adodc1
    End Sub
    ' 单击对应“所属法院级别”的组合框
    Private Sub Combo2_Click()
        Call setSQL
        If Query = "" Then Exit Sub
        Option2.Value = True
        Adodc1.RecordSource = Query
        Adodc1.Refresh
        Set rsgrid.DataSource = Adodc1
    End Sub
    ' 改变“姓名”所对应的文本框内容时执行
    Private Sub Text1_Change()
        Option3.Value = True
```

```
        Call setSQL
        Adodc1.RecordSource = Query
        Adodc1.Refresh
        Set rsgrid.DataSource = Adodc1
    End Sub
' 设置 setSQL 过程，确定 SQL 语句，给网格提供数据
Private Sub setSQL()
    If Option1.Value Then
        Query = "select * from judgeInformation where  编号='"  _
                        & Trim(Combo1) & "'"
    End If
    If Option2.Value Then
        Query = "select * from judgeInformation "  _
                        & "where  所属法院级别  ='" & Trim(Combo2) & " '"
    End If
    If Option3.Value Then
        If Text1.Text <> "" Then
            Query = "select * from judgeInformation "  _
            & "where Left(姓名," & Len(Text1.Text) & ")='" & Text1.Text & "'"
        Else
            MsgBox "请输入查询的姓名！"
        End If
    End If
End Sub
' 单击 "查询" 按钮执行
Private Sub Command2_Click()
    Call setSQL                              '调用 setSQL 过程
    Adodc1.RecordSource = Query              '设置当前窗体的记录集
    If Not Option1.Value And Not Option2.Value And Not Option3.Value Then
        MsgBox "没选择查询方式！"
    Else
        Adodc1.Refresh
        Set rsgrid.DataSource = Adodc1       '设置当前窗体网格中的数据源
    End If
End Sub
' 单击 "刷新" 按钮执行
Private Sub Command3_Click()
    Dim Query As String
    Query = "select * from judgeInformation    "    '查询所有法官的全部信息
    Adodc1.RecordSource = Query
    If Query <> "" Then
        Option1.Value = False
        Option2.Value = False
        Option3.Value = False
        Adodc1.Refresh
    End If
    Set rsgrid.DataSource = Adodc1
End Sub
```

'单击"返回"按钮执行
Private Sub Command1_Click()
    Unload Me
End Sub

2. 编辑法官信息窗体的设计

"编辑法官信息"窗体布局与"查询法官信息"窗体布局基本相同，只是增加了添加、修改、删除按钮，如图 2.6 所示。

图 2.6 "编辑法官信息"窗体

创建"编辑法官信息"窗体并命名为 modijudge.frm，按表 2.7 和表 2.8 所示向窗体添加控件并设置控件的属性。

表 2.8 modijudge.frm 窗体新增控件及其属性设置

控件名称	属性	属性取值	说明
Form	Caption	编辑法官信息	窗口标题
	Name	modijudge	对象名称
CommandButton	Caption	返回	命令按钮
	Name	Command1	
	Caption	修改	
	Name	Command2	
	Caption	添加	
	Name	Command3	
	Caption	删除	
	Name	Command4	
	Caption	刷新	
	Name	Command5	
DataGrid	Name	rsgrid	数据网格名称
	ToolTipText	在网格中的任意位置双击，系统将弹出对应该位置记录的修改框	鼠标在控件上暂停时显示的文本

注意：表 2.8 只列出了编辑法官信息窗体较查询法官信息窗体新增的控件及属性设置。

在编辑法官信息窗体中同样可以进行查询操作。编辑法官信息窗体的程序代码是在查询法官信息窗体的程序代码的基础上进行改进而得到的，即编辑法官信息窗体的代码等于查询法官信息的代码加上以下改进部分的代码。改进部分的代码如下：

```
'单击"添加"按钮执行
Private Sub Command3_Click()
    flag = 1
    add_editjudge.Show 1
End Sub
'单击"修改"按钮执行
Private Sub Command2_Click()
    If Adodc1.Recordset.EOF = True Or Adodc1.Recordset.BOF = True Then
        MsgBox "没有记录，无法修改！"
        Exit Sub
    Else
        Set ingid = Adodc1.Recordset        '指定行数据传递给全局变量
        flag = 2
        add_editjudge.Show 1
    End If
End Sub
'单击"删除"按钮执行
Private Sub Command4_Click()
    If Adodc1.Recordset.EOF Or Adodc1.Recordset.BOF Then
        MsgBox "没有记录，无法删除！"
        Exit Sub
    Else
If MsgBox("真的要删除这条记录么？",vbOKCancel+vbExclamation,"提示！") _
    = vbOK    Then
        Adodc1.Recordset.Delete
        MsgBox "法官信息已经删除！", vbOKOnly + vbExclamation, "警告!"
    End If
    End If
End Sub
'单击"刷新"按钮执行
Private Sub Command5_Click()
    Dim Query As String
    Query = "select * from judgeInformation "
    Adodc1.RecordSource = Query
    Adodc1.Refresh
    Option1.Value = False
    Option2.Value = False
    Option3.Value = False
    Set rsgrid.DataSource = Adodc1
End Sub
'双击网格时执行
Private Sub rsgrid_dblClick()
    If usertype = 1 Then
```

```
        Set ingid = Adodc1.Recordset        '传递给全局变量
        flag = 2
        add_editjudge.Show 1
    End If
End Sub
```

在编辑法官信息窗体中，以上"双击网格时执行"代码增加了在查询显示结果的任意位置双击网格就弹出"修改法官信息"窗体（如图 2.7 所示）的功能，此时可选择修改或者删除操作。

对法官信息的修改和删除也可以在编辑法官信息窗体中单击"修改"按钮，弹出如图 2.7 所示的窗体。若进行修改操作，直接改变窗体中法官的信息，然后单击"确定"按钮即可；若进行删除操作，单击该窗体中的"删除"按钮，系统弹出"删除确认"对话框，如图 2.8 所示。单击"确定"按钮，系统将删除当前记录；单击"取消"按钮，系统将返回修改法官信息窗体。

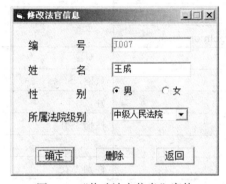

图 2.7　"修改法官信息"窗体

图 2.8　"删除确认"对话框

对法官信息进行删除操作，还可以在编辑法官信息窗体中直接单击"删除"按钮，弹出"确认删除"对话框，单击"确定"或"取消"按钮完成操作。

在编辑法官信息窗体中单击"添加"按钮则弹出"添加法官信息"窗体，此窗体的布局如图 2.9 所示，其中 3 个命令按钮分别控制确定、删除和返回操作，其中"删除"按钮不可用。

图 2.9　"添加法官信息"窗体

创建"添加法官信息"窗体并命名为 add_editjudge.frm，按表 2.9 所示向窗体添加控件并设置控件的属性。

表 2.9　add_editjudge.frm 窗体的控件及属性设置

控件名称	属性	属性取值	说明
Form	Caption	添加法官信息	窗口标题
	Name	add_editjudge	对象名称
	StartUpPosition	2-屏幕中心	启动后屏幕位置
CommandButton	Caption	确定	命令按钮
	Name	Command1	
	Caption	删除	
	Name	Command2	
	Caption	返回	
	Name	Command3	
Adodc	Name	Adodc1	数据访问控件
	CommandType	1-adCmdText	
	RecordSource	select * from judgeInformation	
TextBox	Name	bianhao	编号
	Enabled	False	只读
TextBox	Name	xingming	姓名
OptionButton	Name	xingbie1	性别"男"
	Caption	男	
OptionButton	Name	xingbie2	性别"女"
	Caption	女	
ComboBox	Name	fayuan	"所属法院级别"列表

　　由于添加法官信息和修改法官信息可以共用一个窗体，只是窗体名称不同，所以本系统在设计时，将添加法官信息窗体和修改法官信息窗体设置为一个窗体，调用时改变窗体的标签。

　　添加法官信息窗体的程序代码如下：

```
Option Explicit
Dim MaxNum As String
Private Sub Form_Load()
  If flag = 1 Then
    Call MaxNo
    Caption = "添加法官信息"
    Command2.Enabled = False
  Else
    Caption = "修改法官信息"
    Command1.Enabled = True
    Command2.Enabled = True
    Call display
  End If
End Sub
'在添加窗体中单击"确定"按钮时执行
Private Sub Command1_Click()
```

```vb
    Dim sql As String
    If flag = 1 Then
        Call addNewRecord
        MsgBox "添加成功！", vbOKOnly + vbExclamation, "添加结果！"
        Call Init
    Else
        Call uprecord
        MsgBox "修改成功！", vbOKOnly + vbExclamation, "修改结果！"
        Unload Me
    End If
End Sub
'在添加窗体中单击"删除"按钮时执行
Private Sub Command2_Click()
    If MsgBox("真的要删除这条记录么？",vbOKCancel+vbExclamation,"提示！") _
    = vbOK Then
        ingid.Delete
        MsgBox "法官信息已经删除！", vbOKOnly + vbExclamation, "警告!"
        Unload Me
    End If
End Sub
'在添加窗体中单击"返回"按钮时执行
Private Sub Command3_Click()
    Unload Me
    Exit Sub
End Sub
'设置添加法官记录过程
Private Sub addNewRecord()
    Dim sql As String
    sql = "select * from judgeInformation"
    Adodc1.RecordSource = sql
    Adodc1.Refresh
    With Adodc1.Recordset
        .AddNew                              '添加新记录
        .Fields(0) = Trim(bianhao)
        .Fields(1) = Trim(xingming)
        If xingbie1.Value Then
            .Fields(2) = Trim(xingbie1.Caption)
        Else
            .Fields(2) = Trim(xingbie2.Caption)
        End if
        .Fields(3) = Trim(fayuan.Text)
        .Update
    End With
End Sub
' 初始化过程
Private Sub Init()
    Call MaxNo
    xingming.Text = ""
    xingbie1.Value = True
```

```
         fayuan.Text = ""
     End Sub
     '设置修改过程
     Public Sub display()
         bianhao.Enabled = False
         bianhao = ingid.Fields(0)
         xingming = ingid.Fields(1)
         If Trim(ingid.Fields(2)) = "男" Then
             xingbie1.Value = True
         Else
             xingbie2.Value = True
         End If
         fayuan.Text = ingid.Fields(3)
     End Sub
     '设置更新过程
     Public Sub uprecord()
         ingid.Fields(1) = Trim(Me.xingming)
             If xingbie1.Value Then
                 ingid.Fields(2) = xingbie1.Caption
             Else
                 ingid.Fields(2) = xingbie2.Caption
             End if
         ingid.Fields(3) = Trim(Me.fayuan)
         ingid.Update
     End Sub
     '求最大编号
     Sub MaxNo()
         Dim sql As String
         Dim num As Integer
         Dim temp As String
         sql = "select max(编号) from judgeInformation"        '自动编号
         Adodc1.RecordSource = sql
         Adodc1.Refresh
         MaxNum = Trim(Adodc1.Recordset(0))
         num = Right(MaxNum, 3) + 1
         temp = Right(Format(1000 + num), 3)
         bianhao = "J" & temp
     End Sub
```

由于律师信息管理模块和法官信息管理模块的功能基本相同，所以设计的方法也基本相同。设计者只要对法官信息管理模块稍微做点修改，就可以设计好律师信息管理模块，这里就不再赘述。

2.3.3   案例信息管理模块

案例信息管理模块可以实现查询案例、添加案例、修改案例和删除案例功能。

1. 查询案例窗体的设计

查询案例窗体布局如图 2.10 所示，3 个命令按钮分别控制查询、刷新、返回操作。

图 2.10　"查询案例"窗体

创建"查询案例"窗体并命名为 findcase.frm，按表 2.10 所示向窗体添加控件并设置控件的属性。

表 2.10　findcase.frm 窗体的控件及属性设置

控件名称	属性	属性取值	说明
Form	Caption	查询案例	窗口标题
	Name	findcase	对象名称
	StartUpPosition	2-屏幕中心	启动后屏幕位置
OptionButton	Name	Option1	单选按钮
	Caption	按案号查询	
	Name	Option2	
	Caption	按案由查询	
	Name	Option3	
	Caption	按判决时间查询	
ComboBox	Name	Combo1	"按编号查询"组合框
	Name	Combo2	"按案由查询"组合框
	Name	Combo3	"按判决时间查询"组合框
DataGrid	Name	rsgrid	数据网格
CommandButton	Caption	返回	命令按钮
	Name	Command1	
	Caption	查询	
	Name	Command2	
	Caption	刷新	
	Name	Command3	
Adodc	Name	Adodc1	数据访问控件
	CommandType	1-adCmdText	
	RecordSource	select * from caseInformation	

查询案例窗体的程序代码如下：

```
Option Explicit
Private Query As String
'执行 Form_Load()
Private Sub Form_Load()
    Option1.Value = False
    Option2.Value = False
    Option3.Value = False
    Dim sql As String
    Adodc1.Visible = False
    Call fresh
End Sub
'设置 fresh 过程，给查询窗体开始界面网格和组合框提供数据
Private Sub fresh()
    Dim strQuery, sql As String
    Combo1.Clear
    sql = "select 案号 from caseInformation"
    Adodc1.RecordSource = sql
    Adodc1.Refresh
    While Not Adodc1.Recordset.EOF
        Combo1.AddItem Adodc1.Recordset(0)
        Adodc1.Recordset.MoveNext
    Wend
    Combo2.Clear
    sql = "select distinct 案由 from caseInformation"
    Adodc1.RecordSource = sql
    Adodc1.Refresh
    While Not Adodc1.Recordset.EOF
        Combo2.AddItem Adodc1.Recordset(0)
        Adodc1.Recordset.MoveNext
    Wend
    Combo3.Clear
    sql = "select distinct 判决时间 from caseInformation"
    Adodc1.RecordSource = sql
    Adodc1.Refresh
    While Not Adodc1.Recordset.EOF
        Combo3.AddItem Adodc1.Recordset(0)
        Adodc1.Recordset.MoveNext
    Wend
    strQuery = "select * from caseInformation    "
    Adodc1.RecordSource = strQuery
    Adodc1.Refresh
    Set rsgrid.DataSource = Adodc1
    rsgrid.Refresh
    Option1.Value = False
    Option2.Value = False
    Option3.Value = False
```

```
End Sub
'单击对应"按案号查询"的组合框执行
Private Sub Combo1_Click()
    Option1.Value = True
    Call setSQL
    Adodc1.RecordSource = Query
    If Query <> "" Then
        Adodc1.Refresh
    End If
    Set rsgrid.DataSource = Adodc1
End Sub
'单击对应"按案由查询"的组合框执行
Private Sub Combo2_Click()
    Option2.Value = True
    Call setSQL
    Adodc1.RecordSource = Query
    If Query <> "" Then
        Adodc1.Refresh
    End If
    Set rsgrid.DataSource = Adodc1
End Sub
'单击对应"按判决时间查询"的组合框执行
Private Sub Combo3_Click()
    Option3.Value = True
    Call setSQL
    Adodc1.RecordSource = Query
    If Query <> "" Then
        Me.Adodc1.Refresh
    End If
    Set rsgrid.DataSource = Adodc1
End Sub
'设置 setSQL 过程确定 SQL 语句，给网格提供数据
Private Sub setSQL()
    If Option1.Value = True Then
        Query = "select * from caseInformation where 案号 ='" _
                & Trim(Combo1.Text) & "'"
    ElseIf Option2.Value = True Then
        Query = "select * from caseInformation where 案由='" _
                & Trim(Combo2.Text) & "'"
    ElseIf Option3.Value = True Then
        Query = "select * from caseInformation where 判决时间 ='" _
                & Trim(Combo3.Text) & "'"
    Else
        Call fresh
    End If
End Sub
'单击"返回"按钮执行
Private Sub Command1_Click()
```

```
            Unload Me
        End Sub
        '单击"查询"按钮执行
        Private Sub Command2_Click()
            Call setSQL
            Adodc1.RecordSource = Query
            If Not Option1.Value And Not Option2.Value And Not Option3.Value Then
                MsgBox "没选择查询方式！"
            ElseIf Query <> "" Then
                Adodc1.Refresh
            End If
            Set rsgrid.DataSource = Adodc1
        End Sub
        '单击"刷新"按钮执行
        Private Sub Command3_Click()
            Dim Query As String
            Query = "select * from caseInformation        "
            Adodc1.RecordSource = Query
            If Query <> "" Then
                Option1.Value = False
                Option2.Value = False
                Option3.Value = False
                Adodc1.Refresh
            End If
            Set rsgrid.DataSource = Adodc1
        End Sub
```

2. 编辑案例信息窗体的设计

"编辑案例"窗体布局与"查询案例"窗体布局基本相同，只是增加了添加、修改和删除按钮，如图 2.11 所示。

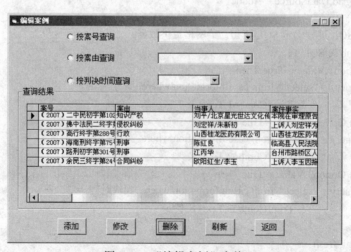

图 2.11　"编辑案例"窗体

创建"编辑案例"窗体并命名为 modicase.frm，按表 2.10 和表 2.11 所示向窗体添加控件并设置控件的属性。

表 2.11 modicase.frm 窗体新增控件及属性设置

控件名称	属性	属性取值	说明
Form	Caption	编辑案例	窗口标题
	Name	modicase	对象名称
CommandButton	Caption	返回	命令按钮
	Name	Command1	
	Caption	修改	
	Name	Command2	
	Caption	添加	
	Name	Command3	
	Caption	删除	
	Name	Command4	
	Caption	刷新	
	Name	Command5	
DataGrid	Name	rsgrid	数据网格名称
	ToolTipText	在网格中任意位置双击，系统将弹出对应该位置记录的修改框	鼠标在控件上暂停时显示的文本

注意：表 2.11 给出了编辑案例窗体较查询案例窗体新增的控件及其属性的设置。

编辑案例窗体的程序代码可参照查询案例窗体的代码及编辑法官信息窗体的代码进行编写。

本系统在设计过程中，编辑案例窗体的设计方法完全采用编辑法官信息窗体的设计方法。对于编辑案例窗体中添加、修改、删除、刷新功能的实现以及相应的操作方法与编辑法官信息窗体中的也基本相同，只是添加和修改窗体的界面不同。

"添加案例信息"窗体布局如图 2.12 所示，3 个命令按钮分别控制确定、删除和返回操作，其中"删除"按钮不可用。

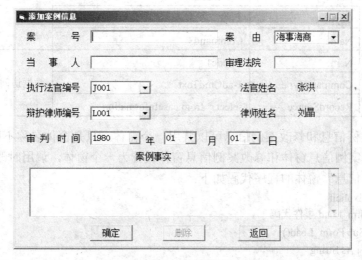

图 2.12 "添加案例信息"窗体

创建"添加案例信息"窗体并命名为 add_editcase.frm，按表 2.12 所示向窗体添加控件并设置控件的属性。

表 2.12　add_editcase.frm 窗体的控件及属性设置

控件名称	属性	属性取值	说明
Form	Name	add_editcase	对象名称
	Caption	添加案例信息	窗口标题
	StartUpPosition	2-屏幕中心	启动后屏幕位置
Label	Name	Label14	
	Caption	（空字符）	用于显示法官姓名
	Name	Label15	
	Caption	（空字符）	用于显示律师姓名
TextBox	Name	Text1	"案号"文本框名称
	Name	Text3	"当事人"文本框名称
	Name	Text4	"审理法院"文本框名称
	Name	Text5	"案例事实"文本框名称
ComboBox	Name	Combo1	"年"组合框
	Name	Combo2	"月"组合框
	Name	Combo3	"日"组合框
	Name	Combo4	"执行法官编号"组合框
	Name	Combo5	"辩护律师编号"组合框
	Name	Combo6	"案由"组合框
CommandButton	Caption	返回	
	Name	Command1	
	Caption	确定	命令按钮
	Name	Command2	
	Caption	删除	
	Name	Command3	
Adodc	Name	Adodc1	
	CommandType	1-adCmdText	数据访问控件
	RecordSource	select * from caseInformation	

由于添加案例信息和修改案例信息可以共用一个窗体，只是窗体名称不同，所以本系统在设计时将添加案例信息窗体和修改案例信息窗体设置为一个窗体，调用时改变窗体的标签。

"添加案例信息"窗体的程序代码如下：

```
Option Explicit
'设置 Form_Load 事件代码
Private Sub Form_Load()
    Dim j As String
    Dim i As Integer
```

```
Dim sql As String
Dim num As Integer
Dim temp, temp1, temp2 As String
j = Date
For i = 1980 To Left(j, 4)                    '设置年
    Combo1.AddItem i
Next i
Combo1.ListIndex = 0
For i = 1 To 12                               '设置月
    temp1 = Right(Format(100 + i), 2)
    Combo2.AddItem temp1
Next i
Combo2.ListIndex = 0
For i = 1 To 31                               '设置日
    temp2 = Right(Format(100 + i), 2)
    Combo3.AddItem temp2
Next i
Combo3.ListIndex = 0
'添加案由
sql = "select distinct 案由 from caseInformation"
Adodc1.RecordSource = sql
Adodc1.Refresh
While Not Adodc1.Recordset.EOF
    Combo6.AddItem Adodc1.Recordset(0)
    Adodc1.Recordset.MoveNext
Wend
Combo6.ListIndex = 0
Command3.Enabled = False
sql = "select 编号 from judgeInformation"     '执行法官编号列表
Adodc1.RecordSource = sql
Adodc1.Refresh
While Not Adodc1.Recordset.EOF
    Combo4.AddItem Adodc1.Recordset(0)
    Adodc1.Recordset.MoveNext
 Wend
Combo4.ListIndex = 0
sql = "select 编号 from lawyerInformation"     '辩护律师编号列表
Adodc1.RecordSource = sql
Adodc1.Refresh
While Not Adodc1.Recordset.EOF
    Combo5.AddItem Adodc1.Recordset(0)
    Adodc1.Recordset.MoveNext
Wend
Combo5.ListIndex = 0
If flag = 1 Then
    Me.Caption = "添加案例信息"
Else
    Caption = "修改案例信息"
```

```
                    Command2.Enabled = True
                    Command3.Enabled = True
                    Call display
                End If
        End Sub
'添加或修改记录事件
Private Sub Command2_Click()
        Dim sql, sql1, sql2 As String
        If flag = 1 And Trim(Text1.Text) = "" Then
            MsgBox "请输入案号", vbOKOnly + vbExclamation, ""
            Text1.SetFocus
        ElseIf flag = 1 And Trim(Text1.Text) <> "" Then
            sql = "select * from caseInformation where  案号='" & Trim(Text1) & "'"
            Adodc1.RecordSource = sql
            Adodc1.Refresh
            If Not Adodc1.Recordset.EOF Then
                MsgBox "此案号已经存在，请更换！", vbOKOnly + vbExclamation, ""
                Text1 = ""
                Text1.SetFocus
            Else
                sql1 = "select * from caseInformation where  案号='" _
                & Combo4.Text & "'"
                Adodc1.RecordSource = sql1
                Adodc1.Refresh
                Call addNewRecord
                MsgBox "添加成功！", vbOKOnly + vbExclamation, "添加结果！"
                Call Init
            End If
        Else
            Call uprecord
        End If
End Sub
' 添加新记录过程
Private Sub addNewRecord()
        Dim ndate As String
        Dim sql As String
        ndate = Trim(Me.Combo1) & "-" & Trim(Me.Combo2) & "-" & Trim(Me.Combo3)
        sql = "select * from caseInformation"
        Adodc1.RecordSource = sql
        Adodc1.Refresh
        With Adodc1.Recordset
            .AddNew                                          '添加新记录
            .Fields(0) = Trim(Text1)
            .Fields(1) = Trim(Combo6)
            .Fields(2) = Trim(Text3)
            .Fields(3) = Trim(Text5)
            .Fields(4) = Trim(Text4)
            .Fields(5) = ndate
            .Fields(6) = Trim(Combo4.Text)
```

```
        .Fields(7) = Trim(Combo5.Text)
        .Update
    End With
End Sub
'初始化
Private Sub init()
    Text1.Text = ""
    Combo6.ListIndex = 0
    Text3.Text = ""
    Text4.Text = ""
    Text5.Text = ""
End Sub
'更新记录到数据表
Public Sub uprecord()
    Dim ndate As String
    Dim sql, sql1, sql2 As String
    ndate = Trim(Me.Combo1) & "-" & Trim(Me.Combo2) & "-" & Trim(Combo3)
    sql1 = "select * from caseInformation where  执行法官编号='" _
            & Trim(Combo4.Text) & "'"
    Adodc1.RecordSource = sql1
    Adodc1.Refresh
    If Adodc1.Recordset.EOF Then
        MsgBox "法官编号错误！", vbOKOnly + vbExclamation, ""
    Else
        sql2 = "select * from caseInformation where  辩护律师编号='" _
                & Trim(Combo5.Text) & "'"
        Adodc1.RecordSource = sql2
        Adodc1.Refresh
        If Adodc1.Recordset.EOF Then
            MsgBox "律师编号错误！", vbOKOnly + vbExclamation, ""
        Else
            ingid.Fields(0) = Trim(Text1)
            ingid.Fields(1) = Trim(Combo6)
            ingid.Fields(2) = Trim(Text3)
            ingid.Fields(3) = Trim(Text5)
            ingid.Fields(4) = Trim(Text4)
            ingid.Fields(5) = ndate
            ingid.Fields(6) = Trim(Combo4.Text)
            ingid.Fields(7) = Trim(Combo5.Text)
            ingid.Update
            MsgBox "修改成功！", vbOKOnly + vbExclamation, "修改结果！"
            Unload Me
        End If
    End If
End Sub
'显示记录
Public Sub display()
    Text1.Enabled = False
```

```
        Text1 = ingid.Fields(0)
        Combo6 = ingid.Fields(1)
        Text3 = ingid.Fields(2)
        Text5 = ingid.Fields(3)
        Text4 = ingid.Fields(4)
        Combo1 = Mid(ingid.Fields(5), 1, 4)
        Combo2 = Mid(ingid.Fields(5), 6, 2)
        Combo3 = Mid(ingid.Fields(5), 9, 2)
        Combo4 = ingid.Fields(6)
        Combo5 = ingid.Fields(7)
        Call Combo4_click
        Call Combo5_click
End Sub
' 编号列表
Private Sub Combo4_click()
    Dim sql As String
    sql = "SELECT 姓名 FROM judgeInformation WHERE 编号='" _
          & Trim(Combo4.Text) & "';"
    Adodc1.RecordSource = sql
    Adodc1.Refresh
    If Not Adodc1.Recordset.EOF Then
        Label14.Caption = Adodc1.Recordset(0)
    End If
End Sub
Private Sub Combo5_click()
    Dim sql As String
    sql = "SELECT 姓名 FROM lawyerInformation WHERE 编号='" _
          & Trim(Combo5.Text) & "';"
    Adodc1.RecordSource = sql
    Adodc1.Refresh
    If Not Adodc1.Recordset.EOF Then
        Label15.Caption = Adodc1.Recordset(0)
    End If
End Sub
' 返回
Private Sub Command1_Click()
    Unload Me
End Sub
'删除记录
Private Sub Command3_Click()
    If MsgBox("真的要删除这条记录吗？ ", vbOKCancel + vbExclamation, "提示！") _
       = vbOK Then
        ingid.Delete
        MsgBox "案例信息已经删除！ ", vbOKOnly + vbExclamation, "警告!"
        Unload Me
    End If
End Sub
```

案例 3   病人住院管理系统

医院信息系统（Hospital Information System，HIS）是指利用计算机和其他专用医疗设备，为医院所属各部门的病人诊疗信息和行政管理信息进行收集、存储、处理、提取和数据交换的综合型的计算机应用系统。主要目标是支持医院的行政管理与医疗业务处理，减轻从业人员的劳动强度，提高医院的工作效率，从而使医院能够以较少的投入获得更好的社会效益和经济效益。

一套完整的医院信息系统既包括临床医疗信息系统，也包括行政管理信息系统。而临床医疗信息系统所涉及的内容更广，如门诊挂号、门诊划价收费、门诊医生工作站、住院医生工作站、住院病人管理、药房管理、药品库存管理以及如病理、检验、放射等科室的专用系统等。主要目标是支持医院医护人员的临床活动，收集和处理病人的临床医疗信息，丰富和积累临床医学知识，并提供临床咨询、辅助诊疗和辅助临床决策，提高医护人员的工作效率，为病人提供更多、更快、更好的服务。

3.1   系统需求分析

本部分仅以病人住院这个活动为基点，对住院病人在医院住院过程中产生的信息进行计算机管理。

通过对医院进行住院病人管理的基本流程和功能的分析，尽量简化系统的设计复杂性，可以对系统的需求归纳如下两个方面。

1. 数据需求

数据库数据要相对完整，能较好地反映住院病人在整个诊疗过程中产生的基本信息和费用信息，基本满足卫生部制定的《医院信息系统基本功能规范》中"住院病人入、出、转管理分系统"和"住院收费分系统的功能规范"要求。

基本信息主要包括病人档案、就医档案、药品价格、检查治疗项目和收费等。

2. 功能需求

（1）病人档案首页的录入、修改、查询。

（2）各项药品价格的录入、修改、删除、查询。

（3）各项检查治疗项目的录入、修改、删除。

（4）住院预付款和其他费用的录入、修改、删除、查询以及生成费用日报单。

（5）病人转科和转床控制。

（6）病人出院结算处理。

3.2   系统设计

3.2.1   系统功能设计

病人住院管理系统主要实现病人入院登记和病人基本情况的记录、病人在住院过程中的费用信息管理、转科与换床位控制以及各类信息的查询与统计，包含的系统功能模块如图3.1所示。

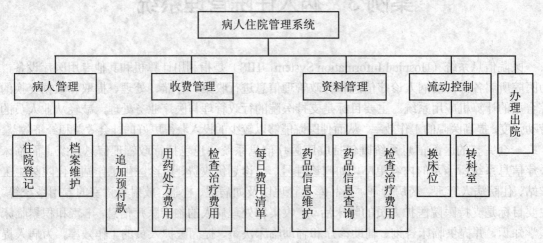

图3.1　住院病人管理系统模块图

为了使这里设计的系统尽量不依赖 HIS 中的其他系统而自成一体，所以住院管理系统融合了本应属于 HIS 中的药品管理和费用管理等功能。

（1）病人管理。主要实现病人办理住院登记、对病人档案首页进行修改和查询等。病人办理住院手续时给病人分配住院号并建立该次病人住院的档案首页，如果病人不是首次住院，也分配一个新的住院号。

（2）收费管理。主要实现对病人住院期间产生的固定医疗费用和处方费用进行记录、查询和统计。

（3）资料管理。主要为系统中的药品和检查治疗项目提供基础数据，包括处方收费时的药品价格表和检查治疗时的各项收费项目以便规范收费和费用，并实现价格数据的维护和查询等。

（4）流动控制。实现病人转床控制或转科治疗的管理。

（5）办理出院。实现病人出院的费用清算和出院手续处理等。

3.2.2　数据库设计

在数据库应用系统的开发过程中，数据库的结构设计是一个非常重要的工作。数据库结构设计的好坏将直接对应用系统的效率和实现的效果产生影响，好的数据库结构会减小数据库的存储量，数据的完整性和一致性比较高，系统具有较快的响应速度，能简化基于此数据库的应用程序的实现。

在数据库系统开始设计时应该尽量考虑全面，尤其应该仔细考虑系统的各种需求，避免浪费不必要的人力和物力。

1.　数据库概念结构设计

根据以上功能设计的分析可以规划整个住院病人管理系统涉及的数据实体，主要有病人、药品和检查治疗项目。"病人"实体与另两个实体之间均存在一对多的联系，"病人"实体与"药品"实体的联系描述了病人的用药情况。但病人在住院期间还会产生其他没有使用药品的费用，如治疗费、检查费等非用药固定费用，所以"病人"实体与"检查治疗项目"实体之间的联系描述了病人进行某些检查和治疗所发生的医疗事项。依此可以使用实体联系模型图（E-R 图）来描述这些实体和它们之间的联系、各个实体的属性等内容，如图 3.2 所示（带下划线的属性是对应实体的关键字）。

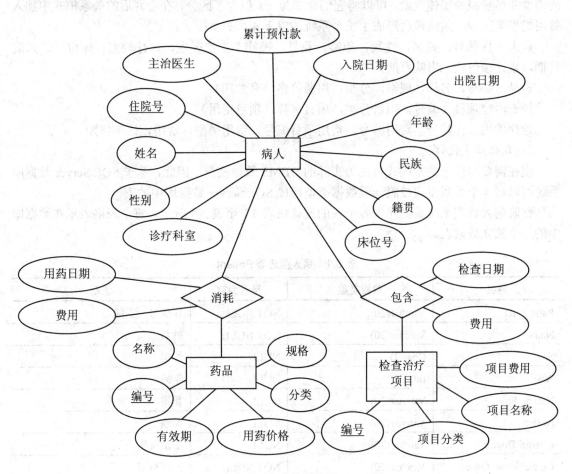

图 3.2　实体联系与实体属性图（E-R 图）

2. 数据库逻辑结构设计

概念结构是各种数据模型的基础，虽然它们比数据模型更抽象且独立于计算机和具体的 DBMS，但是为了实现系统的具体需求，必须将概念结构转化为某个 DBMS 所支持的数据模型并对其进行优化，这就是逻辑结构设计的任务。

观察实体联系图 3.2，实体之间的关系均是一对多，需要将这两个一对多的联系也转换为关系模式，依据转化规则：与该联系相连的各实体的关键字和联系本身的属性均转化为关系模式的属性。因此，整个系统可以产生以下 5 个关系模式：

病人（住院号，姓名，性别，年龄，籍贯，民族，主治医生，诊疗科室，床位号，入院日期，累计预付款，出院日期）

药品（编号，名称，规格，分类，用药价格，有效期）

检查治疗项目（编号，项目分类，项目名称，项目费用）

医药费用（住院号，药品编号，费用，用药日期）

检查治疗费用（住院号，项目编号，费用，检查日期）

"医药费用"和"检查治疗费用"关系模式就是由实体联系转化后的结果，前者表示病人的用药处方费用，后者表示病人的非处方用药费用。

从以上 5 个关系模式可以看出，医药费用和检查治疗费用基本类似，为了统一管理费用的需要并尽量减少实体数量，可以将它们合二为一。但为了区分，在合并后的关系模式中加入费用类型来区别，因此最后形成了整个系统的以下 4 个关系模式：

病人（住院号，姓名，性别，年龄，籍贯，民族，主治医生，诊疗科室，床位号，入院日期，累计预付款，出院日期）

药品（编号，名称，规格，分类，用药价格，有效期）

检查治疗项目（编号，项目分类，项目名称，项目费用）

诊疗费用（住院号，费用编号，费用项目编号，费用类型，费用，诊疗日期）

3. 数据库表设计

现在需要将以上关系模式转化为实际的 DBMS 数据模型，因此，基于 SQL Server 数据库系统可以将 4 个关系模式按照一般数据类型形成 SQL Server 数据库中的表。

住院病人管理系统数据库中各个表的设计如表 3.1 至表 3.4 所示，每个表格表示在数据库中的一个独立数据表。

表 3.1　病人信息表 Patient

列名	数据类型	是否为空	说明
Patient_ID	Varchar(20)	NOT NULL	住院号，主键
Name	Varchar(20)	NOT NULL	姓名
Sex	Char(2)	NULL	性别
Age	Int	NULL	年龄
Native_Place	Varchar(20)	NULL	籍贯
Nation	Varchar(20)	NULL	民族
Charge_Doctor	Varchar(20)	NULL	主治医生
Consultation_Office	Varchar(50)	NOT NULL	诊疗科室
Bed_No	Varchar(10)	NOT NULL	床位号
InCome_Time	Datetime	NULL	入院日期（与时间）
Total_PreFee	Numeric(10,2)	NULL	累计预付款
Leave_Time	Datetime	NULL	出院日期，NULL 为未出院

表 3.2　药品信息表 Leechdom

列名	数据类型	是否为空	说明
Leechdom_ID	Varchar(20)	NOT NULL	编号（主键）
Name	Varchar(20)	NOT NULL	名称
Specs	Varchar(40)	NULL	规格
Class	Varchar(20)	NULL	分类
Price	Numeric(10,2)	NOT NULL	用药价格
Validity_Date	Datetime	NULL	有效期

表 3.3　检查治疗项目表 CuredItem

列名	数据类型	是否为空	说明
Item_ID	Varchar(20)	NOT NULL	编号（主键）
Name	Varchar(20)	NOT NULL	项目名称
Class	Varchar(20)	NULL	项目分类
Fee	Numeric(10,2)	NOT NULL	项目费用

表 3.4　诊疗费用表 CureFee

列名	数据类型	是否为空	说明
Fee_ID	Int	NOT NULL	费用编号（组合主键）：为了保证住院号+项目编号的非唯一性，在原有关系模式基础上增加此字段
Patient_ID	Varchar(20)	NOT NULL	住院号（组合主键）
FeeItem_ID	Varchar(20)	NOT NULL	费用项目编号（组合主键）：用药费用为药品编号，非用药费用为检查治疗项目编号
Fee_Type	Varchar(16)	NOT NULL	费用类型，取值：用药处方费用、检查治疗费用
Fee	Numeric(10,2)	NOT NULL	费用
Cured_Time	Datetime	NULL	诊疗日期与时间

此外，为了在系统中实现登录控制设计一个系统用户登录表，如表 3.5 所示。

表 3.5　系统用户登录表 LoginUser

列名	数据类型	是否为空	说明
Login_Name	varchar(10)	NOT NULL	登录用户名
Login_Passw	varchar(10)	NULL	登录密码
User_Type	int	NOT NULL	用户类型 =1 管理员，=0 其他

4. 创建数据库对象

经过前面的需求分析与数据库设计之后得到了数据库的逻辑结构。现在即可在 SQL Server 数据库管理系统中实现该逻辑结构，可以直接在 SQL Server 企业管理器或 SQL 查询分析器中创建表。创建数据表之前应该先在企业管理器中创建一个存储这些表和数据的数据库，假设为 HISDB，具体方法与步骤参考前面相关实验的内容；然后在查询分析器中选择该数据库，这样就可以按照表 3.1 至表 3.5 所给出的表的结构依次建立即可。

完成表的创建后，执行如下 SQL 语句：

```
--插入一条系统管理员记录，用户名/密码为 Admin/1234，用户类型为 1（管理员）
INSERT INTO LoginUser (Login_Name,Login_Passw,User_Type) VALUES ('Admin', '1234',1);
GO
--创建表的主键
ALTER TABLE Patient ADD CONSTRAINT PK_ Patient PRIMARY KEY (Patient_ID)
ALTER TABLE Leechdom ADD CONSTRAINT PK_Leechdom PRIMARY KEY (Leechdom_ID)
ALTER TABLE CureFee ADD CONSTRAINT
    PK_CureFee PRIMARY KEY (Fee_ID,Patient_ID,FeeItem_ID)
```

为了简化程序设计，约定同一病人不论是否再次住院，均重新分配不同的住院号。同时考虑到为了实现显示或打印病人的每日费用清单，单据中需要有每天住院诊疗产生的所有费用情况和病人本身的信息，这些数据来源于多个表（Patient、Leechdom、CuredItem、CureFee），因此为了查询方便再建立一个提取数据的视图 DayReportView，其 SQL 语句如下：

```
CREATE VIEW DayReportView
AS
SELECT Patient.Patient_ID, Patient.Name, Patient.Sex, Patient.Age,
        Patient.Charge_Doctor, Patient.Consultation_Office, Patient.Bed_No,
        Patient.InCome_Time, Patient.Total_PreFee, CureFee.FeeItem_ID,
        Leechdom.Name AS Lec_Name, CuredItem.Name AS Crt_Name, CureFee.Fee,
        CureFee.Cured_Time
FROM Patient INNER JOIN
        CureFee ON Patient.Patient_ID = CureFee.Patient_ID LEFT OUTER JOIN
        CuredItem ON CureFee.FeeItem_ID = CuredItem.Item_ID LEFT OUTER JOIN
        Leechdom ON CureFee.FeeItem_ID = Leechdom.Leechdom_ID
```

3.3　系统实现

3.3.1　系统主窗体、公用模块与用户管理

经过前面的系统设计和数据库设计完成了系统的初始工作，下面就要完成人机交互窗体的设计。一个友好完善的窗体不仅能够方便系统的使用者，而且能够使各个模块间划分明确，结构更趋于完善。所以窗体的设计工作在进行系统开发时是必不可少的，也是十分重要的。下面就使用 VB 详细介绍住院病人管理系统中的各功能模块的窗体设计。

1. 创建工程项目 SimHIS

启动 VB，在 VB 工程模板中选择"标准 EXE"图标，VB 将自动产生一个 Form 窗体，不要这个窗体，将其删除。单击"文件"→"保存工程"命令保存工程，将这个工程命名为 SimHIS.vbp。

2. 创建系统主窗体

系统的主窗体是用于系统启动后向用户呈现主界面的，并利用其管理系统中的其他各个应用模块和窗体。在主窗体中，用户可以方便地通过主界面上的菜单操作其他模块或窗体，以执行相应的操作。

这里的住院病人管理系统采用 MDI 多文档窗体，可以使程序外观更整洁、美观。单击工具栏中的"添加 MDI 窗体"按钮，添加一个 MDI 界面，将主窗体的 Caption 属性设置为"病人住院管理系统"，Name 属性为 MDIfrmMain。再单击工具栏中的"菜单编辑器"按钮创建主窗体的二级菜单，菜单结构、菜单标题、菜单（对象）名称、调用对象等分别参考图 3.1 和表 3.6，并将主窗体保存为 MDIfrmMain.frm 文件。

为了使整个系统完善增加了一个"系统管理"菜单，如表 3.6 所示，用于对登录和登录用户进行管理以及完成系统退出。

表 3.6 菜单标题、菜单名称及调用对象说明（未说明的均采用默认设置，下同）

菜单标题	菜单名称	调用（窗体）对象
系统管理	menuSys	
… 用户登录	menuSys_login	frmLogin
… 添加用户	menuSys_user	frmUser
… 修改密码	menuSys_chpw	frmChPw
… 系统退出	menuSys_exit	
病人管理	menuPM	
… 住院登记	menuPM_record	frmPInfoRecord
… 档案维护	menuPM_edit	frmPInfoEdit
收费管理	menuFee	
… 追加预付款	menuFee_prefee	frmPreFeeRecord
… 用药处方费用	menuFee_lee	frmLcdFeeRecord
… 检查治疗费用	menuFee_std	frmStdFeeRecord
… 每日费用清单	menuFee_report	frmFeeDailyReport
资料管理	menuLcd	
… 药品信息维护	menuLcd_edit	frmLcdEdit
… 药品信息查询	menuLcd_find	frmLcdFind
… 检查治疗项目维护	menuCuredItem_edit	frmCuredItemEdit
流动控制	menuCtl	
… 换床位	menuCtl_bed	frmMoveBed
… 转科室	menuCtl_ofic	frmMoveOfc
办理出院	menuEndCalc	frmEndCalc

主窗体的设计还可以进一步更改窗体的以下属性：WindowState、StartUpPosition、Picture、Icon 等，MDIfrmMain 主窗体运行界面如图 3.3 所示。

图 3.3 MDIfrmMain 主窗体运行界面

注意：在新建工程之前，一定要先确定好工程文件保存的磁盘文件夹位置。

按照表 3.6 制定的菜单调用关系，系统的菜单程序代码如下：

```
'重新登录
Private Sub menuSys_login_Click()
    Me.Enabled = False
    frmLogin.Show 1
End Sub
'添加用户
Private Sub menuSys_user_Click()
    If CurUserType = 1 Then     'CurUserType 是系统的全局变量，在模块中定义
        frmUser.Show 1
    Else
        MsgBox "你没有对登录用户进行管理的权限", vbExclamation, "提示"
    End If
End Sub
'修改密码
Private Sub menuSys_chpw_Click()
    frmChPw.Show 1
End Sub
'系统退出
Private Sub menuSys_exit_Click()
    '在系统退出时，断开与数据库的连接
    DBDisconnect            '断开数据库连接公用过程，在模块中定义
    Unload Me
End Sub
'病人住院登记
Private Sub menuPM_record_Click()
    frmPInfoRecord.Show 1
End Sub
'病人档案维护
Private Sub menuPM_edit_Click()
    frmPInfoEdit.Show 1
End Sub
'追加预付款
Private Sub menuFee_prefee_Click()
    frmPreFeeRecord.Show 1
End Sub
'用药处方费用
Private Sub menuFee_lee_Click()
    frmLcdFeeRecord.Show 1
End Sub
'检查治疗费用
Private Sub menuFee_std_Click()
    frmStdFeeRecord.Show 1
End Sub
'每日费用清单
Private Sub menuFee_report_Click()
```

```
        frmFeeDailyReport.Show 1
End Sub
'药品信息维护
Private Sub menuLcd_edit_Click()
        frmLcdEdit.Show 1
End Sub
'药品信息查询
Private Sub menuLcd_find_Click()
        frmLcdFind.Show 1
End Sub
'检查治疗项目维护
Private Sub menuCuredItem_edit_Click()
        frmCuredItemEdit.Show 1
End Sub
'换床位
Private Sub menuCtl_bed_Click()
        frmMoveBed.Show 1
End Sub
'转科室
Private Sub menuCtl_ofic_Click()
        frmMoveOfc.Show 1
End Sub
'办理出院
Private Sub menuEndCalc_Click()
        frmEndCalc.Show 1
End Sub
```

3．创建系统公用模块

系统设计中有许多需要多次使用或调用的变量、函数、过程等，在 VB 中通常使用公用模块的方式提供服务，这样既能节省代码、提高代码利用率，又能让程序逻辑显得更为清晰。添加模块时，可以按模块的功能分类别加入多个模块，也可以将它们全部放在一个模块中。基本步骤如下：

（1）在"工程浏览器"的窗体上右击，在弹出的菜单中选择"添加"→"添加模块"命令。

（2）在属性栏中将模块名称修改为 ModuleCommon 并将该模块保存为 ModuleCommon.bas 文件。

（3）选择"工程"→"引用"命令，在弹出的"引用"对话框中选择 Micrsoft ActiveX Data Objects 2.5 Library 选项，单击"确定"按钮返回。

（4）在"工程浏览器"中双击 ModuleCommon 模块打开代码窗口，编写如下代码：

```
'定义全局变量
Public CurUserName As String            '当前登录用户名
Public CurUserType As String            '当前登录用户类型
Public IsLogin As Boolean               '是否已经登录
Public DBConnectionString as String     '数据库连接串
'定义模块内部变量
Private IsConnected As Boolean          '是否连接了数据库
```

```
        Private conn As ADODB.Connection          '定义以 ADO 方式连接到数据库的对象变量
'这里是整个应用程序的启动点，首先连接数据库，直到程序关闭才断开连接
'进入启动点后判断连接数据库是否成功，不成功则终止程序运行，否则启动登录窗体
'所以需要在工程属性对话框中设置启动对象为 Sub Main
Public Sub Main()
        '设置数据库的连接字符串，其中用户名和密码应设置为实际实验环境下的值
        DBConnectionString = "Provider=SQLOLEDB.1;User ID=sa;password=sa; " & _
                                "Initial Catalog=HISDB;Data Source=(local)"
        If DBConnect() = False Then
            End                          '停止程序运行
        Else
            frmLogin.Show
        End If
End Sub
'定义连接到数据库系统的全局函数
Public Function DBConnect() As Boolean
        If IsConnected = True Then
            Exit Function
        End If
        On Error GoTo sql_error
        Set conn = New ADODB.Connection
        '设置数据库的连接字符串
        conn.ConnectionString = DBConnectionString
        conn.Open                        '打开到数据库的连接
        IsConnected = True               '更改已连接标志
        DBConnect = True
        Exit Function
sql_error:
        MsgBox "数据库连接失败：" & Err.Description, vbOKOnly, "提示"
        On Error Resume Next             '恢复错误
        DBConnect = False
End Function
'断开与数据库的连接
Public Sub DBDisConnect()
        If IsConnected = False Then      '还未连接，不需处理
            Exit Sub
        Else
            conn.Close                   '关闭连接
            Set conn = Nothing           '释放资源
            IsConnected = False
        End If
End Sub
'执行 SQL-DML 语句操作，如 INSERT、UPDATE、DELETE 等，不需要返回结果集
Public Sub SQLDML(ByVal SQL_DMLStr As String)
        Dim cmd As New ADODB.Command               '创建 ADO 的 Command 对象
        On Error GoTo sql_error                    '定义错误捕获
        DBConnect                                  '调用连接过程，连接数据库
        Set cmd.ActiveConnection = conn            '设置 cmd 所关联的数据库
```

```
            cmd.CommandText = SQL_DMLStr
            cmd.Execute                          '执行 DML 命令
    sql_exit:
            On Error Resume Next
            Set cmd = Nothing                    '释放资源
    DBDisConnect
    Exit Sub
    sql_error:
            MsgBox "数据库更新操作失败：" & Err.Description, vbOKOnly, "提示"
            Resume sql_exit
    End Sub
    '执行 SQL-SELECT 语句操作，并返回数据查询结果集
    Public Function SQLQRY(ByVal SQL_QRYStr As String) As ADODB.Recordset
            Dim rs As New ADODB.Recordset        '创建 ADO 的记录集对象
            On Error GoTo sql_error
            DBConnect                            '调用连接过程，连接数据库
            Set rs.ActiveConnection = conn       '设置 rs 所关联的数据库
            rs.CursorType = adOpenDynamic        '设置游标类型
            rs.LockType = adLockOptimistic       '设置锁定类型
            rs.Open SQL_QRYStr                   '打开记录集（执行查询）
            Set SQLQRY = rs                      '返回记录集
    sql_exit:
            On Error Resume Next
            Set rs = Nothing
            Exit Function
    sql_error:
            MsgBox "数据库查询操作失败：" & Err.Description, vbOKOnly, "提示"
            Resume sql_exit
    End Function
```

4. 用户管理

用户管理实现系统内登录用户的管理，主要包括用户登录窗体、添加用户窗体、用户密码修改窗体等。

用户登录窗体实现系统的登录，只有正确登录到系统，才能执行其他操作，因此，它是验证用户是否能合法使用系统的第一道关卡；添加用户窗体实现管理员用户向系统内增加其他登录用户；用户密码修改窗体实现已经登录到系统的用户修改自己密码的功能。

有关这三个窗体的设计可参考第 4 章的相应内容，这里不再赘述。

3.3.2 病人住院登记窗体

病人住院时即进入 frmPInfoRecord 窗体进行登记，填写有关数据，形成病人档案首页。窗体的外观如图 3.4 所示。

在 frmPInfoRecord 窗体中使用下拉列表框选择性别。使用 DTPicker 控件输入入院日期，该控件通过选择"工程"→"部件"命令打开对话框，在"控件"选项卡上选择 Microsoft Windows Common Control-2 6.0 选项并添加到工具箱中，再选择 DTPicker 控件即可。当运行窗体并单击 DTPicker 控件的下拉按钮时会出现一个日期选择对话框，其初始值为当天日期，选择日期后

返回给 DTPicker 控件。其他 9 项内容则使用文本框输入，并一起构成一个控件数组形式。窗体及其控件名称和属性设置如表 3.7 所示。

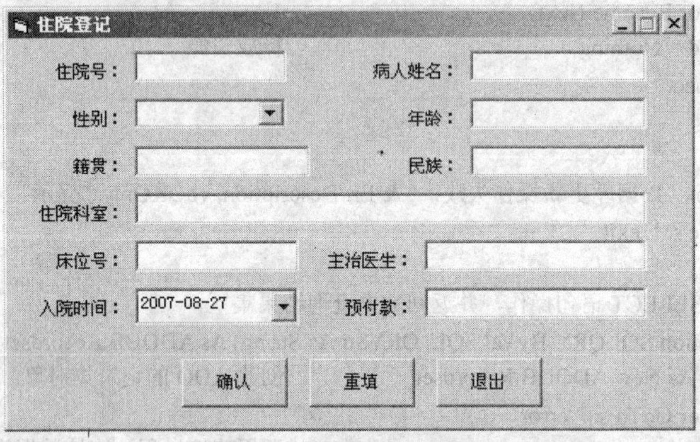

图 3.4 "住院登记"窗体

表 3.7 住院登记窗体及其控件名称和属性设置

控件名称	属性	属性值	控件名称	属性	属性值
Form	Caption	住院登记	TextBox	Name	txtPatient(0)
	Name	frmPInfoRecord	TextBox	Name	txtPatient(1)
	StartUpPosition	2-屏幕中心	TextBox	Name	txtPatient(2)
	MaxButton	False	TextBox	Name	txtPatient(3)
Label	Caption	住院号：	TextBox	Name	txtPatient(4)
Label	Caption	病人姓名：	TextBox	Name	txtPatient(5)
Label	Caption	年龄：	TextBox	Name	txtPatient(6)
Label	Caption	籍贯：	TextBox	Name	txtPatient(7)
Label	Caption	民族：	TextBox	Name	txtPatient(8)
Label	Caption	住院科室：	DTPicker	Name	CboDate
Label	Caption	床位号：		Value	2007-08-27
Label	Caption	主治医生：	Command Button	Caption	确认
Label	Caption	预付款：		Name	cmdOK
ComboBox	Name	CboSex		Default	True
	Style	2-DropDown List	Command Button	Caption	重填
	List	男 女		Name	cmdRetry
			Command Button	Caption	退出
				Name	cmdExit

注：表 3.7 中所有 TextBox 控件的 Text 属性设置均为"空"字符串，所有控件的初始 Text 属性值均按此规则设置，除非特别说明，后续的表格将不再赘述。

（1）当窗体打开时，"入院日期"初始为当天日期，可以将如下代码写到窗体的 LOAD 事件中：

```
Private Sub Form_Load()
    CboDate.Value = Now                 '初始化入院日期为实际当天的日期
End Sub
```

（2）输入病人资料后，单击"确认"按钮将触发 Click 事件，执行如下代码：

```
Private Sub cmdOK_Click()
    Dim i As Integer
    Dim sqlcmd As String                '定义查询字符串变量
    Dim rs As ADODB.Recordset           '返回查询记录集
    '验证是否输入了有关数据
    For i = 0 To 8
        If i = 3 Or i = 4 Or i = 6 Or i = 7 Then
            '籍贯/民族/床位号/主治医生等内容在登记时可能不确定或可不输入，不验证
        Else
            If txtPatient(i).Text = "" Then
                MsgBox "请输入此项目的数据!", vbExclamation, "提示"
                txtPatient(i).SetFocus
                Exit Sub
            End If
        End If
    Next i
    If CboSex.Text = "" Then
        MsgBox "请选择病人性别!", vbExclamation, "提示"
        CboSex.SetFocus
        Exit Sub
    End If
    '判断输入的年龄和预付款是不是有效的数字
    If Not IsNumeric(txtPatient(2).Text) Then
        MsgBox "请输入有效的年龄!", vbExclamation, "提示"
        txtPatient(2).SetFocus
        Exit Sub
    End If
    If Not IsNumeric(txtPatient(8).Text) Then
        MsgBox "请输入有效的预付款!", vbExclamation, "提示"
        txtPatient(8).SetFocus
        Exit Sub
    End If
    '产生查询记录集，为新增记录或修改记录做准备
    sqlcmd = "SELECT * FROM Patient WHERE Patient_ID='"
    sqlcmd = sqlcmd & Trim(txtPatient(0).Text) & "'"
    Set rs = SQLQRY(sqlcmd)
    '在新住院状态下判断输入的住院号是否重复
    If txtPatient(0).Enabled = True Then
        If Not rs.EOF Then
            MsgBox "住院号重复，请重新输入!", vbOKOnly, "提示"
            rs.Close
            txtPatient(0).SetFocus
            Exit Sub
```

```
            End If
            '添加记录状态
            rs.AddNew
        Else
            '---修改记录状态
        End If
        '更新到数据库表中
        rs.Fields("Patient_ID") = Trim(txtPatient(0).Text)          '住院号
        rs.Fields("Name") = Trim(txtPatient(1).Text)                '病人姓名
        rs.Fields("Sex") = Trim(CboSex.Text)                        '性别
        rs.Fields("Age") = Trim(txtPatient(2).Text)                 '年龄
        rs.Fields("Native_Place") = Trim(txtPatient(3).Text)        '籍贯
        rs.Fields("Nation") = Trim(txtPatient(4).Text)              '民族
        rs.Fields("Consultation_Office") = Trim(txtPatient(5).Text) '住院科室
        rs.Fields("Bed_No") = Trim(txtPatient(6).Text)              '床位号
        rs.Fields("Charge_Doctor") = Trim(txtPatient(7).Text)       '主治医生
        '入院日期
        rs.Fields("InCome_Time") = Format(Trim(CboDate.Value), "YYYY-MM-DD")
        rs.Fields("Total_PreFee") = Trim(txtPatient(8).Text)        '预付款
        rs.Update
        MsgBox "住院登记或修改记录成功!", vbOKOnly, "提示"
        rs.Close
    End Sub
```

代码中首先检查是否有未输入数据的项目，因为有 9 个文本框是按控件数组存在的，所以便于使用循环检查而不需要一个一个地书写检查代码了，但对于"籍贯"、"民族"、"床号"、"主治医生"等内容在登记时可能不确定或可以不输入，则不进行检查。如果发现有未输入数据的则提示，并将焦点设置在相应未输入数据的文本框上，然后检查年龄和预付款输入的值是否有效，再判断输入的住院号是否重复。

如果数据检查和记录检查没有问题，则通过 AddNew 和 Update 方法插入新记录。但要注意"入院日期"是日期时间型，所以要使用 FORMAT 转换。

（3）当单击"重填"按钮时应去掉窗体上的数据并让用户重填，因此只要执行如下代码即可：

```
    Private Sub cmdRetry_Click()
        Dim i As Integer
        For i = 0 To 8
            txtPatient(i).Text = ""
            CboDate.Value = Now
            txtPatient(0).SetFocus
        Next i
    End Sub
```

（4）"退出"按钮的事件代码：

```
    Private Sub cmdExit_Click()
        Unload Me
    End Sub
```

3.3.3 病人住院档案维护窗体

病人档案维护窗体 frmPInfoEdit 实现对住院病人的住院登记信息进行修改和删除等。因为在修改或删除操作前需要明确具体的病人记录，如果病人很多，查找记录就很费时，所以设计窗体时应增加快速查找方式，即通过"住院号"或"姓名"进行快速定位，一旦找到病人记录，就可以单击"修改"或"删除"按钮进行后续操作。窗体 frmPInfoEdit 的设计布局如图 3.5 所示。

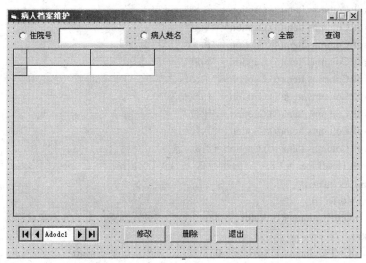

图 3.5 "病人档案维护"窗体布局

在窗体 frmPInfoEdit 中通过单击"查询"按钮将结果显示在 DataGrid 网格控件中，与数据库的连接由 ADODC 控件完成。如果在 VB 控件工具箱中找不到这两个控件，选择"工程"→"部件"命令打开部件对话框，选择 Microsoft ADO Data Controls 6.0 组件和 Microsoft DataGrid Controls 6.0 组件即可。该窗体的控件名称与属性如表 3.8 所示。

表 3.8 病人档案维护窗体及其控件名称与属性设置

控件名称	属性	属性值	控件名称	属性	属性值
Form	Caption	病人档案维护	Option	Caption	住院号
	Name	frmPInfoEdit	Button	Name	OptPNo
	StartUpPosition	2-屏幕中心	Option	Caption	病人姓名
	MaxButton	False	Button	Name	OptPName
DataGrid	Name	dGrdP	Option	Caption	全部
	AllowUpdate	False	Button	Name	OptAll
Command Button	Caption	删除	Command Button	Caption	查询
	Name	cmdDelete		Name	cmdFind
Command Button	Caption	退出	Command Button	Caption	修改
	Name	cmdExit		Name	cmdEdit
TextBox	Name	txtPNo	TextBox	Name	txtPName

下面是窗体 frmPInfoEdit 的功能实现代码。

（1）由于设计数据表时采用非汉字字段，为了使 dGrdP 控件直观地展示汉字标题，需要将数据网格控件的字段标题修改为汉字显示。同时因 frmPInfoEdit 窗体内需要多次使用，为此定义一个自定义过程 SetHeadTitle 来达到这个目的，代码如下：

```
Private Sub SetHeadTitle()
    '设置每列标题
    dGrdP.Columns.Item(0).Caption = "住院号"
    dGrdP.Columns.Item(1).Caption = "病人姓名"
    dGrdP.Columns.Item(2).Caption = "性别"
    dGrdP.Columns.Item(3).Caption = "年龄"
    dGrdP.Columns.Item(4).Caption = "籍贯"
    dGrdP.Columns.Item(5).Caption = "民族"
    dGrdP.Columns.Item(6).Caption = "主治医生"
    dGrdP.Columns.Item(7).Caption = "住院科室"
    dGrdP.Columns.Item(8).Caption = "床位号"
    dGrdP.Columns.Item(9).Caption = "入院日期"
    dGrdP.Columns.Item(10).Caption = "预付款"
    dGrdP..HeadLines = 1.8        '标题行高
    Dim i As Integer
    For i = 0 To 10
        dGrdP.Columns(i).Width = 1000        '设置列宽，为了方便都设置为同一宽度
    Next i
        dGrdP.Columns(11).Width = 0        '出院日期不显示
End Sub
```

（2）当打开窗体时，要求连接到数据库并在 DataGrid 控件中显示所有病人的资料，实现代码放在窗体的 LOAD 事件中，代码如下：

```
Private Sub Form_Load()
    Adodc1.ConnectionString = DBConnectionString        '连接到数据库的连接串
    Adodc1.RecordSource = "Patient"        '数据源表
    Adodc1.CommandType = adCmdTable
    Set dGrdP.DataSource = Adodc1        '设置网格显示的数据源
    SetHeadTitle        '设置每列标题
End Sub
```

（3）单击"查询"按钮后，程序执行如下代码：

```
Private Sub cmdFind_Click()
    Dim sqlcmd As String
    '没有选择任何查询方式
    If Not OptPNo And Not OptPName And Not OptAll Then
        MsgBox "请输入要查询的方式!", vbOKOnly, "提示"
        Exit Sub
    End If
    If OptPNo Then        '选择了按"住院号"查询
        If txtPNo.Text = "" Then
            MsgBox "请输入住院号!", vbOKOnly, "提示"
            txtPNo.SetFocus
            Exit Sub
```

```
            End If
            sqlcmd = "SELECT * FROM Patient WHERE Patient_ID='" & txtPNo.Text & "'"
        End If
        If OptPName Then                    '选择了按"病人姓名"查询
            If txtPName.Text = "" Then
                MsgBox "请输入病人姓名!", vbOKOnly, "提示"
                txtPName.SetFocus
                Exit Sub
            End If
            sqlcmd = "SELECT * FROM Patient WHERE Name='" & txtPName.Text & "'"
        End If
        If OptAll Then      '查询所有病人记录
            sqlcmd = "SELECT * FROM Patient"
        End If
        Adodc1.CommandType = adCmdText      '按 SQL 语句的形式提取数据
        Adodc1.RecordSource = sqlcmd
        Adodc1.Refresh                      '控件刷新
        SetHeadTitle                        '设置每列标题
    End Sub
```

（4）当在数据网格控件 **dGrdP** 中所显示的病人记录上选择一条记录时，便可单击窗体下部的"修改"或"删除"按钮执行对应的操作。当单击"修改"按钮时，程序首先得到选中记录的住院号，打开在前面已经设计好的 frmPInfoRecord 窗体并将病人的资料填入窗体中等待修改。"修改"按钮相应的实现代码如下：

```
    Private Sub cmdEdit_Click()
        Dim sqlcmd As String
        Dim rs As ADODB.Recordset
        Dim PatientID As String
         '没有选择记录或没有记录
         If Adodc1.Recordset.BOF Or Adodc1.Recordset.EOF Then
            MsgBox "没有被选择的记录!", vbOKOnly, "提示"
            Exit Sub
        End If
        PatientID = dGrdP.Columns(0).Text              '从网格控件中提取当前选中的病人住院号
        sqlcmd = "SELECT * FROM Patient WHERE Patient_ID='" & PatientID & "'"
        Set rs = SQLQRY(sqlcmd)                '取到病人的档案资料
        If rs.EOF Then
            MsgBox "找不到病人资料!", vbOKOnly, "提示"
            Exit Sub
        End If
        If rs.Fields("Leave_Time") & "" <> "" Then
            MsgBox "该病人已经出院了！", vbOKOnly, "提示"
            Exit Sub
        End If
        frmPInfoRecord.Caption = "病人住院信息修改"              '修改窗体的标题
        frmPInfoRecord.txtPatient(0) = PatientID
        frmPInfoRecord.txtPatient(1) = rs.Fields("Name")         '病人姓名
        frmPInfoRecord.txtPatient(2) = rs.Fields("Age")          '年龄
```

```
        frmPInfoRecord.CboSex = rs.Fields("Sex")                          '性别
        frmPInfoRecord.txtPatient(3) = rs.Fields("Native_Place")          '籍贯
        frmPInfoRecord.txtPatient(4) = rs.Fields("Nation")               '民族
        frmPInfoRecord.txtPatient(5) = rs.Fields("Consultation_Office")   '往院科室
        frmPInfoRecord.txtPatient(6) = rs.Fields("Bed_No")                '床位号
        frmPInfoRecord.txtPatient(7) = rs.Fields("Charge_Doctor")         '主治医生
        frmPInfoRecord.CboDate = rs.Fields("InCome_Time")                 '入院日期
        frmPInfoRecord.txtPatient(8) = rs.Fields("Total_PreFee")          '预付款
        '不能修改住院号、住院科室、床位号、预付款（因为有另外的模块来处理）
        frmPInfoRecord.txtPatient(0).Enabled = False
        frmPInfoRecord.txtPatient(5).Enabled = False
        frmPInfoRecord.txtPatient(6).Enabled = False
        frmPInfoRecord.txtPatient(8).Enabled = False
        frmPInfoRecord.cmdRetry.Enabled = False
        frmPInfoRecord.Show 1
    End Sub
```

"删除"按钮相应的实现代码如下：

```
    Private Sub cmdDelete_Click()
        Dim sqlcmd As String
        Dim rs As ADODB.Recordset
        Dim PatientID As String
        '没有选择记录或没有记录
        If Adodc1.Recordset.BOF Or Adodc1.Recordset.EOF Then
            MsgBox "没有被选择的记录!", vbOKOnly, "提示"
            Exit Sub
        End If
        If MsgBox("是否确实需要删除该病人档案？ ", _
            vbYesNo + vbQuestion + vbDefaultButton2, "提示") = vbYes Then
            PatientID = dGrdP.Columns(0).Text      '从控件中提取当前选中的病人住院号
            sqlcmd = "DELETE FROM Patient WHERE Patient_ID='" & PatientID & "'"
            SQLDML (sqlcmd)                         '删除该病人的档案资料
            MsgBox "已删除该记录!", vbOKOnly, "提示"
            Adodc1.Refresh                          '刷新显示
            SetHeadTitle                            '设置每列标题
        End If
    End Sub
```

（5）"退出"按钮的实现代码如下：

```
    Private Sub cmdExit_Click()
        Unload Me
    End Sub
```

3.3.4 追加预付款窗体

追加预付款 frmPreFeeRecord 窗体用于病人在住院期间不定期向医院财务部门追加住院预付款以继续支持住院治疗。当在系统菜单上执行"收费管理"→"追加预付款"命令时，将出现如图 3.6 所示的窗体。

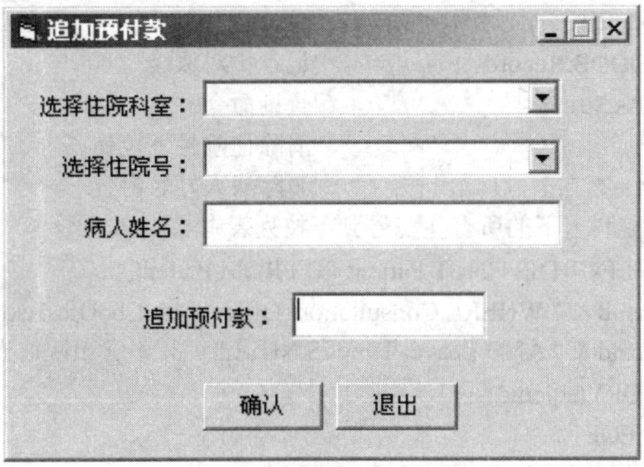

图 3.6 "追加预付款"窗体

窗体中的控件名称与属性设置如表 3.9 所示。

表 3.9 追加预付款窗体及其控件名称和属性设置

控件名称	属性	属性值	控件名称	属性	属性值
Form	Caption	追加预付款	Label	Caption	选择住院科室：
	Name	frmPreFeeRecord	Label	Caption	选择住院号：
	StartUpPosition	2-屏幕中心	Label	Caption	病人姓名：
	MaxButton	False	Label	Caption	追加预付款：
ComboBox	Name	CboOfc	TextBox	Name	txtName
	Style	2-Dropdown List		Enabled	False
ComboBox	Name	CboNo	TextBox	Name	txtPreFee
	Style	2-Dropdown List	Command	Caption	退出
Command Button	Caption	确认	Button	Name	cmdExit
	Name	cmdOK			

下面是窗体 frmPreFeeRecord 的功能实现代码。

```
'窗体加载事件
Private Sub Form_Load()
    Dim rs As ADODB.Recordset          '记录集对象
    Dim sqlcmd As String               '查询命令
    CboOfc.Clear                       '清除下拉列表
    CboNo.Clear
    '添加住院科室到下拉列表中
    sqlcmd = "SELECT DISTINCT Consultation_Office FROM Patient"
    Set rs = SQLQRY(sqlcmd)
    While Not rs.EOF
        CboOfc.AddItem (rs.Fields("Consultation_Office"))
        rs.MoveNext
    Wend
    rs.Close
End Sub
'选择"住院科室"下拉列表时执行代码
```

```
Private Sub CboOfc_Click()
    Dim rs As ADODB.Recordset            '记录集对象
    Dim sqlcmd As String                 '查询命令
    CboNo.Clear                          '清除住院号下拉列表
    txtName.Text = ""                    '清除病人姓名内容
    '添加对应住院科室下的所有住院号到下拉列表中
    sqlcmd = "SELECT DISTINCT Patient_ID FROM Patient "
    sqlcmd = sqlcmd & " WHERE Consultation_Office='" & CboOfc.Text & "'"
    sqlcmd = sqlcmd & " AND Leave_Time IS NULL"        '不含出院病人
    Set rs = SQLQRY(sqlcmd)
    While Not rs.EOF
        CboNo.AddItem (rs.Fields("Patient_ID"))
        rs.MoveNext
    Wend
    rs.Close
End Sub
'选择住院号下拉列表时执行代码
Private Sub CboNO_Click()
    Dim rs As ADODB.Recordset            '记录集对象
    Dim sqlcmd As String                 '查询命令
    '查找对应住院号的病人姓名并显示在 txtName 控件里，以便显示核对
    sqlcmd = "SELECT Name FROM Patient "
    sqlcmd = sqlcmd & " WHERE Patient_ID='" & CboNo.Text & "'"
    Set rs = SQLQRY(sqlcmd)
    If rs.EOF Then
        MsgBox "没有找到这个住院病人！ ", vbOKOnly, "提示"
    Else
        txtName.Text = rs.Fields("Name")
    End If
    rs.Close
End Sub
'单击"确认"按钮执行追加预付款
Private Sub cmdOK_Click()
    Dim PatientID As String              '病人住院号
    Dim addFee As Double                 '追加的预付款费用
    Dim sqlcmd As String                 '操作记录命令
    Dim rs As ADODB.Recordset
    PatientID = CboNo.Text               '得到住院号
    If PatientID = "" Then
        MsgBox "还没有选择住院病人的住院号！ ", vbOKOnly, "提示"
        Exit Sub
    End If
    If IsNumeric(txtPreFee.Text) Then
        addFee = Val(txtPreFee.Text)     '转换追加的费用
    Else
        MsgBox "需要输入有效的预付款数值！ ", vbOKOnly, "提示"
        Exit Sub
    End If
```

```
'更新记录
sqlcmd = "SELECT * FROM Patient WHERE Patient_ID='" & PatientID & "'"
Set rs = SQLQRY(sqlcmd)
If Not rs.EOF Then
    rs.Fields("Total_PreFee") = rs.Fields("Total_PreFee") + addFee
    rs.Update
    MsgBox "追加预付款完成", vbOKOnly, "提示"
  Else
    MsgBox "找不到住院号！", vbOKOnly, "提示"
End If
rs.Close
End Sub
'单击"退出"按钮执行代码
Private Sub cmdExit_Click()
    Unload Me
End Sub
```

要追加预付款，必须首先找到对应的住院病人（即住院号），所以本窗体通过对住院科室和住院号的选择来实现。住院科室和住院号的输入都采用下拉列表框，可方便地从大量病人信息中找到需要的住院号。窗体装载时调用 LOAD 事件，从病人档案数据表中读取所有不重复的住院科室名称并添加到住院科室下拉列表框中。进入窗体后，选择某个住院科室，则相应的该科室的住院号都显示在住院号下拉列表框中。

选择了住院号后，对应病人的姓名立即显示出来，以便进一步核对。输入需要追加的预付款后，单击"确认"按钮，将费用添加到病人档案表中的 Total_PreFee 字段中。

3.3.5 用药处方费用窗体

固定诊疗费用 frmLcdFeeRecord 窗体用于输入病人在住院期间产生的用药诊疗费用，如图3.7 所示是该窗体的外观布局图。

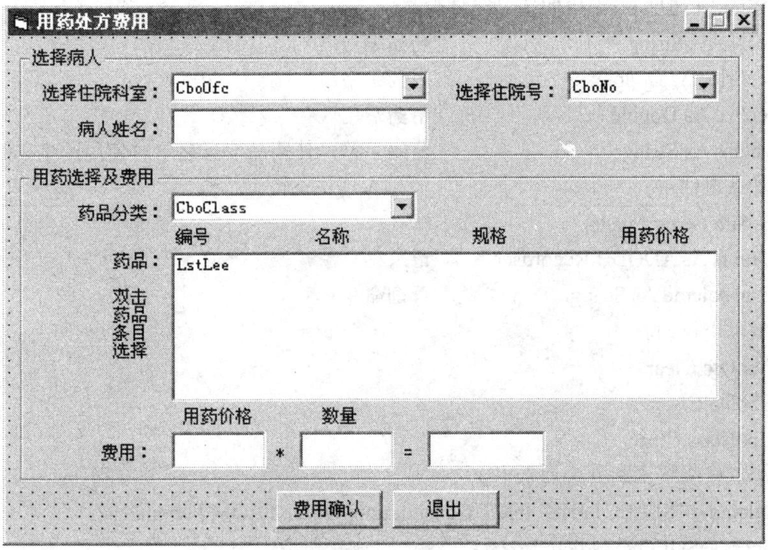

图 3.7 "用药处方费用"窗体布局

窗体中的控件名称与属性设置如表 3.10 所示。

表 3.10　用药处方费用窗体及其控件名称与属性设置

控件名称	属性	属性值	控件名称	属性	属性值
Form	Caption	用药处方费用	Frame	Caption	选择病人
	Name	frmLcdFeeRecord	Frame	Caption	用药选择及费用
	StartUpPosition	2-屏幕中心	ComboBox	Name	CboOfc
	MaxButton	False		Style	2-Dropdown List
Label	Caption	选择住院科室：	ComboBox	Name	CboNo
Label	Caption	选择住院号：		Style	2-Dropdown List
Label	Caption	病人姓名：	ComboBox	Name	CboClass
Label	Caption	药品分类：		Style	2-Dropdown List
Label	Caption	编号 名称 规格 用药价格（按界面图布局）	ListBox	Name	LstLee
				Style	0 - Standard
Label	Caption	药品：	TextBox	Name	txtName
Label	Caption	双击药品条目选择		Enabled	False
Label	Caption	费用：	TextBox	Name	txtPrice
Label	Caption	用药价格　数量		Enabled	False
Label	Caption	*	TextBox	Name	txtNums
Label	Caption	=	TextBox	Name	txtFee
Command Button	Caption	费用确认		Enabled	False
	Name	cmdOK	Command Button	Caption	退出
				Name	cmdExit

下面是窗体 frLcdFeeRecord 的功能实现代码。

```
'在窗体的"（通用）"中申明定义窗体变量
Dim lecNo As String                  '药品编号
Dim lecPrice As Double               '用药价格
Dim lecFee As Double                 '用药费用
Dim vbtabs As String                 '分隔字符，使药品信息显示时使用两个 Tab 字符分隔开来
'窗体加载事件
Private Sub Form_Load()
    Dim rs As ADODB.Recordset        '记录集对象
    Dim sqlcmd As String             '查询命令
    '清除下拉列表
    CboOfc.Clear
    CboNo.Clear
    CboClass.Clear
    '添加住院科室到下拉列表中
    sqlcmd = "SELECT DISTINCT Consultation_Office FROM Patient"
    Set rs = SQLQRY(sqlcmd)
    While Not rs.EOF
        CboOfc.AddItem (rs.Fields("Consultation_Office"))
```

```vb
            rs.MoveNext
        Wend
        '添加药品分类到到下拉列表中
        sqlcmd = "SELECT DISTINCT Class FROM Leechdom"
        Set rs = SQLQRY(sqlcmd)
        While Not rs.EOF
            CboClass.AddItem (rs.Fields("Class"))
            rs.MoveNext
        Wend
        rs.Close
End Sub
'选择住院科室下拉列表时执行代码
Private Sub CboOfc_Click()
        '此处代码与 frmPreFeeRecord 窗体中的对应事件代码完全相同，略
End Sub
        '选择住院号下拉列表时执行代码
Private Sub CboNo_Click()
        '此处代码与 frmPreFeeRecord 窗体中的对应事件代码完全相同，略
End Sub
'选择药品分类下拉列表时执行代码
Private Sub CboClass_Click()
        Dim rs As ADODB.Recordset          '记录集对象
        Dim sqlcmd As String               '查询命令
        vbtabs = vbTab & vbTab             '两个 Tab 字符分隔数据显示区域
        '查找对应药品分类的所有药品信息并显示在列表 LstLee 中
        sqlcmd = "SELECT * FROM Leechdom "
        sqlcmd = sqlcmd & " WHERE Class='" & CboClass.Text & "'"
        Set rs = SQLQRY(sqlcmd)
        LstLee.Clear                       '清除原有内容
         While Not rs.EOF
        '将 4 项数据增加到列表中（最后的下划线字符是 VB 的续行符）
            LstLee.AddItem (rs.Fields("Leechdom_ID") & vbtabs & _
                        rs.Fields("Name") & vbtabs & _
                        rs.Fields("Specs") & vbtabs & _
                        Format(rs.Fields("Price"), "####0.00"))
            rs.MoveNext
        Wend
        rs.Close
End Sub
'双击药品条目后执行代码
Private Sub LstLee_DblClick()
        Dim selLee As String               '列表项的内容
        Dim rs As ADODB.Recordset
        Dim sqlcmd As String
        selLee = LstLee.Text
        '按 vbtabs 变量定义的分隔符从 selLee 中分离出药品编号到 lecNo
```

```
            lecNo = Left(selLee, InStr(selLee, vbtabs) - 1)
            '按药品编号从数据表中查找用药价格
            sqlcmd = "SELECT * FROM Leechdom WHERE Leechdom_ID='" & LecNo & "'"
            Set rs = SQLQRY(sqlcmd)
            If Not rs.EOF Then
                lecPrice = rs.Fields("Price")
            End If
            rs.Close
    txtPrice.Text = Format(lecPrice, "####0.00")
    txtNums_Change            '调用"数量"改变事件更新费用
        txtNums.SetFocus
End Sub
'输入或改变数量时，立即计算费用并放到窗体变量 lecFee 中
Private Sub txtNums_Change()
    lecFee = Val(txtPrice.Text) * Val(txtNums.Text)
    txtFee.Text = lecFee
End Sub
'单击"费用确认"按钮保存费用到数据库
Private Sub cmdOK_Click()
    Dim CureFeeNo As Integer            '费用编号
    Dim sqlcmd As String
    Dim rs As ADODB.Recordset
    Dim PatNo As String                 '住院号
    PatNo = Trim(CboNo.Text)
    If PatNo = "" Then
        MsgBox "请首先选择住院病人", vbOKOnly, "提示"
        CboOfc.SetFocus
        Exit Sub
    End If
    If Val(txtPrice.Text) = 0 Then
        MsgBox "请选择用药", vbOKOnly, "提示"
        LstLee.SetFocus
        Exit Sub
    End If
    If lecFee = 0 Then
        MsgBox "费用为零", vbOKOnly, "提示"
        txtNums.SetFocus
        Exit Sub
    End If
    '统计该病人使用该药品的记录次数
    sqlcmd = "SELECT count(*) FROM CureFee WHERE Patient_ID='" & PatNo & "'"
    sqlcmd = sqlcmd & " AND FeeItem_ID='" & lecNo & "'"
    Set rs = SQLQRY(sqlcmd)
    CureFeeNo = rs(0) + 1              '费用编号等于该病人使用该药品的记录次数递增
    '准备更新数据记录
    sqlcmd = "SELECT * FROM CureFee WHERE Patient_ID='" & PatNo & "'"
```

```
        sqlcmd = sqlcmd & " AND FeeItem_ID='" & lecNo & "'"
        Set rs = SQLQRY(sqlcmd)
        '添加到数据库表中
        rs.AddNew
        rs.Fields("Fee_ID") = CureFeeNo              '费用编号
        rs.Fields("Patient_ID") = PatNo              '住院号
        rs.Fields("FeeItem_ID") = lecNo              '药品编号
        rs.Fields("Fee_Type") = "用药处方费用"         '费用类型
        rs.Fields("Fee") = lecFee                    '费用
        '当前时间当作费用发生时间，读者也可以改变设计为从屏幕输入时间
        rs.Fields("Cured_Time") = Now
        rs.Update
        rs.Close
        MsgBox "添加费用完成", vbOKOnly, "提示"
End Sub
'单击"退出"按钮执行代码
Private Sub cmdExit_Click()
        Unload Me
End Sub
```

对用药进行收费处理必须首先找到对应的住院病人，所以本窗体与"追加预付款"窗体 frmPreFeeRecord 类似，通过对住院科室和住院号的选择来实现。同时，通过对药品分类的选择能较快地从大量的药品记录中筛选出病人的用药信息（筛选的方法很多，这里并不一定是最好的办法），然后就可以对该类药品进行选择。输入数量后，自动计算单价与数量的乘积作为本次收费的总计，最后当单击"费用确认"按钮时写入数据库中，完成"用药费用"登记处理过程。

3.3.6 检查治疗费用窗体

"检查治疗费用"frmStdFeeRecord 窗体用于输入病人在住院期间产生的非药物诊疗费用。如图 3.8 所示是该窗体的窗体布局，窗体外观基本与 frmLcdFeeRecord 类似。

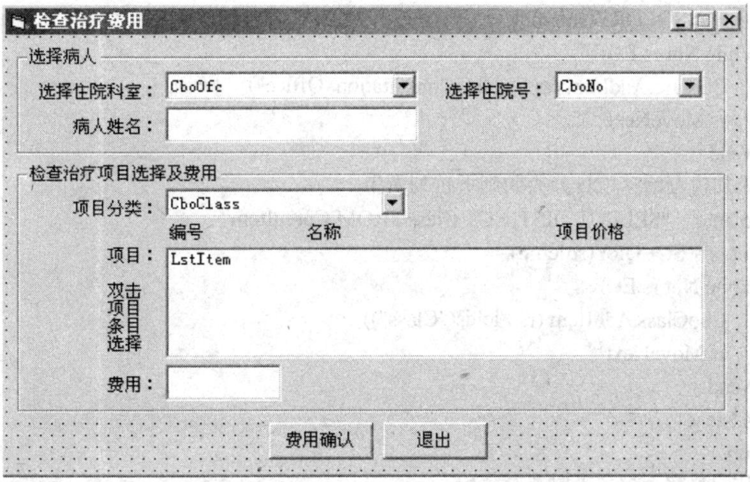

图 3.8 "检查治疗费用"窗体布局

窗体中控件名称与属性设置如表 3.11 所示。

表 3.11　检查治疗费用窗体及其控件名称与属性设置

控件名称	属性	属性值	控件名称	属性	属性值
Form	Caption	检查治疗费用	Frame	Caption	选择病人
	Name	frmStdFeeRecord	Frame	Caption	检查治疗项目选择及费用
	StartUpPosition	2-屏幕中心	ListBox	Name	LstItem
	MaxButton	False		Style	0 - Standard
ComboBox	Name	CboOfc	TextBox	Name	txtName
	Style	2-Dropdown List		Enabled	False
ComboBox	Name	CboNo	TextBox	Name	txtFee
	Style	2-Dropdown List	Command Button	Caption	费用确认
ComboBox	Name	CboClass		Name	cmdOK
	Style	2-Dropdown List	Command Button	Caption	退出
				Name	cmdExit

下面是窗体 frmStdFeeRecord 的功能实现代码。

```
'在窗体的（通用）中声明定义窗体变量
Dim ItmNo As String                      '检查治疗项目的编号
Dim ItmPrice As Double                   '检查治疗项目的价格
'窗体加载事件
Private Sub Form_Load()
    Dim rs As ADODB.Recordset            '记录集对象
    Dim sqlcmd As String                 '查询命令
    '清除下拉列表
    CboOfc.Clear
    CboNo.Clear
    CboClass.Clear
    '添加住院科室到下拉列表中
    sqlcmd = "SELECT DISTINCT Consultation_Office FROM Patient"
    Set rs = SQLQRY(sqlcmd)
    While Not rs.EOF
        CboOfc.AddItem (rs.Fields("Consultation_Office"))
        rs.MoveNext
    Wend
    '添加检查治疗项目分类到到下拉列表中
    sqlcmd = "SELECT DISTINCT Class FROM CuredItem"
    Set rs = SQLQRY(sqlcmd)
    While Not rs.EOF
        CboClass.AddItem (rs.Fields("Class"))
        rs.MoveNext
    Wend
    rs.Close
End Sub
'选择住院科室下拉列表时执行代码
Private Sub CboOfc_Click()
```

```vb
        '此处代码与 frmPreFeeRecord 窗体中的对应事件代码完全相同，略
End Sub
'选择住院号下拉列表时执行代码
Private Sub CboNO_Click()
        '此处代码与 frmPreFeeRecord 窗体中的对应事件代码完全相同，略
End Sub
'选择费用项目分类下拉列表时执行代码
Private Sub CboClass_Click()
    Dim rs As ADODB.Recordset               '记录集对象
    Dim sqlcmd As String                    '查询命令
    '查找对应项目分类的所有检查治疗项目信息并显示在列表 LstItem 中
    sqlcmd = "SELECT CONVERT(CHAR(10),Item_ID) AS c_ItemID, " & _
            "CONVERT(CHAR(30),Name) AS c_Name, " & _
            "Fee FROM CuredItem "
    sqlcmd = sqlcmd & " WHERE Class='" & CboClass.Text & "'"
    Set rs = SQLQRY(sqlcmd)
    LstItem.Clear                           '清除原有内容
    While Not rs.EOF
        '将 3 项数据增加到列表中（最后的下划线字符是 VB 的续行符）
        LstItem.AddItem (rs.Fields("c_ItemID") & vbTab & _
                    rs.Fields("c_Name") & _
                    Format(rs.Fields("Fee"), "####0.00"))
        rs.MoveNext
    Wend
    rs.Close
End Sub
'双击检查治疗费用条目后执行代码
Private Sub LstItem_DblClick()
    Dim selLee As String                    '列表项的内容
    Dim rs As ADODB.Recordset
    Dim sqlcmd As String
    selLee = LstItem.Text
    '按 vbtabs 变量定义的分隔符从 selLee 中分离出项目编号
    ItmNo = Trim(Left(selLee, InStr(selLee, vbTab) - 1))
    '按项目编号从数据表中查找项目价格
    sqlcmd = "SELECT * FROM CuredItem WHERE Item_ID='" & ItmNo & "'"
    Set rs = SQLQRY(sqlcmd)
    If Not rs.EOF Then
        ItmPrice = rs.Fields("Fee")
    End If
    rs.Close
    txtFee.Text = Format(ItmPrice, "####0.00")
    txtFee.SetFocus
End Sub
'单击"费用确认"按钮保存费用到数据库
Private Sub cmdOK_Click()
    Dim CureFeeNo As Integer                '费用编号
    Dim sqlcmd As String
    Dim rs As ADODB.Recordset
    Dim PatNo As String                     '住院号
```

```
        PatNo = Trim(CboNo.Text)
        If PatNo = "" Then
            MsgBox "请首先选择住院病人", vbOKOnly, "提示"
            CboOfc.SetFocus
            Exit Sub
        End If
        If LstItem.ListCount = 0 Or Val(txtFee.Text) = 0 Then
            MsgBox "请选择检查治疗项目", vbOKOnly, "提示"
            LstItem.SetFocus
            Exit Sub
        End If
        If Val(txtFee.Text) = 0 Then
            MsgBox "费用为零", vbOKOnly, "提示"
            txtFee.SetFocus
            Exit Sub
        End If
        '统计该病人使用该检查治疗项目的记录次数
        sqlcmd = "SELECT count(*) FROM CureFee WHERE Patient_ID='" & PatNo & "'"
        sqlcmd = sqlcmd & " AND FeeItem_ID='" & ItmNo & "'"
        Set rs = SQLQRY(sqlcmd)
        CureFeeNo = rs(0) + 1          '该病人使用该检查治疗项目的记录次数递增
        '准备更新数据记录
        sqlcmd = "SELECT * FROM CureFee WHERE Patient_ID='" & PatNo & "'"
        sqlcmd = sqlcmd & " AND FeeItem_ID='" & ItmNo & "'"
        Set rs = SQLQRY(sqlcmd)
        '添加到数据库表中
        rs.AddNew
        rs.Fields("Fee_ID") = CureFeeNo             '费用编号
        rs.Fields("Patient_ID") = PatNo             '住院号
        rs.Fields("FeeItem_ID") = ItmNo             '检查治疗项目编号
        rs.Fields("Fee_Type") = "检查治疗费用"       '费用类型
        rs.Fields("Fee") = Val(txtFee.Text)         '费用
        '当前时间当作费用发生时间，读者也可以改变设计为从屏幕输入时间
        rs.Fields("Cured_Time") = Now
        rs.Update
        rs.Close
        MsgBox "添加费用完成", vbOKOnly, "提示"
    End Sub
    '单击"退出"按钮执行代码
    Private Sub cmdExit_Click()
        Unload Me
    End Sub
```

与用药收费处理一样，对检查治疗进行收费处理必须首先找到对应的住院病人，所以本窗体与"追加预付款"frmPreFeeRecord 窗体和"用药处方费用"frLcdFeeRecord 窗体类似，通过对住院科室和住院号的选择来实现。同时，通过对项目分类的选择能较快地从检查治疗项目记录中筛选出指定诊疗项目记录，然后就可以对该类诊疗项目进行选择，双击项目条目后，对应该条目的诊疗费用立即显示出来，为了方便更改，用户可以修改输入的费用，最后单击"费用确认"按钮时写入数据库中，完成"检查治疗费用"登记处理过程。

3.3.7　每日费用清单窗体

"每日费用清单" frmFeeDailyReport 窗体用于计算和输出住院病人当天费用产生情况的明细清单，是向病人进行费用公示的直接手段。如图 3.9 所示是该窗体的窗体布局。

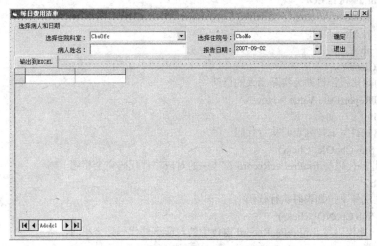

图 3.9　"每日费用清单"窗体布局

窗体中的控件名称与属性设置如表 3.12 所示。

表 3.12　每日费用清单窗体及其控件名称与属性设置

控件名称	属性	属性值	控件名称	属性	属性值
Form	Caption	每日费用清单	ComboBox	Name	CboOfc
	Name	frmFeeDailyReport		Style	2-Dropdown List
	StartUpPosition	2-屏幕中心	ComboBox	Name	CboNo
	MaxButton	False		Style	2-Dropdown List
Frame	Caption	选择病人和日期	TextBox	Name	txtName
Label	Caption	选择住院科室：		Enabled	False
Label	Caption	选择住院号：	DTPicker	Name	DTReportDate
Label	Caption	病人姓名：	Command Button	Caption	确定
Label	Caption	报告日期：		Name	cmdOK
DataGrid	Name	dGridReport	Command Button	Caption	退出
	AllowUpdate	False		Name	cmdExit
ADODC	Name	Adodc1	Command Button	Caption	输出到 Excel
	Visible	False		Name	cmdEXCEL

下面是窗体 frmFeeDailyReport 的功能实现代码。

```
'窗体加载事件
Private Sub Form_Load()
    Dim rs As ADODB.Recordset          '记录集对象
    Dim sqlcmd As String               '查询命令
```

```
            CboOfc.Clear                        '清除下拉列表
            CboNo.Clear
            '添加住院科室到下拉列表中
            sqlcmd = "SELECT DISTINCT Consultation_Office FROM Patient"
            Set rs = SQLQRY(sqlcmd)
            While Not rs.EOF
                CboOfc.AddItem (rs.Fields("Consultation_Office"))
                rs.MoveNext
            Wend
            rs.Close
            '初始化报告日期为实际当天的日期
            DTReportDate.Value = Now
    End Sub
    '选择住院科室下拉列表时执行代码
    Private Sub CboOfc_Click()
            '此处代码与 frmPreFeeRecord 窗体中的对应事件代码完全相同，略
    End Sub
    '选择住院号下拉列表时执行代码
    Private Sub CboNO_Click()
            '此处代码与 frmPreFeeRecord 窗体中的对应事件代码完全相同，略
    End Sub
    '单击"确定"按钮执行代码
    Private Sub cmdOK_Click()
        If Trim(CboNo.Text) = "" Then
            MsgBox "没有选择住院病人！", vbOKOnly, "提示"
            CboNo.SetFocus
            Exit Sub
        End If
        If Trim(DTReportDate.Value) = "" Then
            MsgBox "没有选择日期！", vbOKOnly, "提示"
            DTReportDate.SetFocus
            Exit Sub
        End If
        Adodc1.ConnectionString = DBConnectionString        '连接到数据库的连接串
        '数据源
        Adodc1.RecordSource = "SELECT Patient_ID,Name,Sex,Bed_No, " & _
    "Consultation_Office,Charge_Doctor, " & _
    "Total_PreFee,ISNULL(Lec_Name,'')+ISNULL(Crt_Name,'')" & _
                        "AS ItemName,Fee,CONVERT(CHAR(10),Cured_Time,120) " & _
    "FROM DayReportView WHERE Patient_ID='" & CboNo.Text & "'" & _
                        " AND CONVERT(CHAR(10),Cured_Time,120)='" & _
                        Format(Trim(DTReportDate.Value), "YYYY-MM-DD") & "'"
        Adodc1.CommandType = adCmdText
        Set dGridReport.DataSource = Adodc1                  '设置网格显示的数据源
        Adodc1.Refresh                                      '刷新
        SetHeadTitle                                        '设置每列标题和宽度
        If Adodc1.Recordset.RecordCount > 0 Then            '按查找结果开启输出按钮
            cmdEXCEL.Enabled = True
        Else
            cmdEXCEL.Enabled = False
```

```
        End If
End Sub
'设置 DataGrid 控件 dGridReport 的每列标题和宽度
Private Sub SetHeadTitle()
    '设置每列标题
    dGridReport.Columns.Item(0).Caption = "住院号"
    dGridReport.Columns.Item(1).Caption = "病人姓名"
    dGridReport.Columns.Item(2).Caption = "性别"
    dGridReport.Columns.Item(3).Caption = "床号"
    dGridReport.Columns.Item(4).Caption = "住院科室"
    dGridReport.Columns.Item(5).Caption = "主治医生"
    dGridReport.Columns.Item(6).Caption = "已预交住院费"
    dGridReport.Columns.Item(7).Caption = "诊疗项目"
    dGridReport.Columns.Item(8).Caption = "诊疗费用"
    dGridReport.Columns.Item(9).Caption = "诊疗时间"
    dGridReport.HeadLines = 1.8                      '标题行高
    dGridReport.Columns(0).Width = 800               '设置列宽
    dGridReport.Columns(1).Width = 800
    dGridReport.Columns(2).Width = 500
    dGridReport.Columns(3).Width = 500
    dGridReport.Columns(4).Width = 1800
    dGridReport.Columns(5).Width = 800
    dGridReport.Columns(6).Width = 1300
    dGridReport.Columns(7).Width = 1800
    dGridReport.Columns(8).Width = 800
    dGridReport.Columns(9).Width = 1100
End Sub
'输出到 Excel 执行代码
Private Sub cmdEXCEL_Click()
    Dim TRows As Integer
    Dim myexcel As New Excel.Application
    Dim mybook As New Excel.Workbook
    Dim mysheet As New Excel.Worksheet
    Set mybook = myexcel.Workbooks.Add                          '添加一个新的 Book
    Set mysheet = mybook.Worksheets("sheet1")
    mysheet.Name = "每日诊疗费用清单"
    myexcel.ActiveSheet.PageSetup.Orientation = xlLandscape     '设置为横向
    mysheet.Columns("a:n").Font.Size = 10
    mysheet.Columns("a:n").VerticalAlignment = xlVAlignCenter   '垂直居中
    mysheet.Columns("a:n").HorizontalAlignment = xlHAlignLeft   '水平居中对齐
    mysheet.Columns(1).ColumnWidth = 8
    mysheet.Columns(2).ColumnWidth = 8
    mysheet.Columns(3).ColumnWidth = 5
    mysheet.Columns(4).ColumnWidth = 5
    mysheet.Columns(5).ColumnWidth = 18
    mysheet.Columns(6).ColumnWidth = 8
    mysheet.Columns(7).ColumnWidth = 11
    mysheet.Columns(8).ColumnWidth = 8
    mysheet.Columns(9).ColumnWidth = 8
    mysheet.Columns(10).ColumnWidth = 9
```

```
        mysheet.Rows(1).RowHeight = 20                                          '写入表头
        mysheet.Range(mysheet.Cells(1), mysheet.Cells(1, 10)).MergeCells = True
        TRows = Adodc1.Recordset.RecordCount
        mysheet.Range(mysheet.Cells(TRows + 2, 1), mysheet.Cells(2, 10)). _
                        Borders.LineStyle = xlContinuous
        mysheet.Cells(1, 1).Value = "每日诊疗费用清单"
        mysheet.Cells(1, 1).Font.Size = 16
        mysheet.Cells(1, 1).Font.Bold = True
        mysheet.Rows(1).HorizontalAlignment = xlHAlignCenter
        mysheet.Rows(1).VerticalAlignment = xlVAlignCenter
        mysheet.Rows(2).RowHeight = 18
        mysheet.Rows(2).Font.Bold = True
        mysheet.Rows(2).HorizontalAlignment = xlHAlignCenter
        mysheet.Cells(2, 1).Value = "住院号"
        mysheet.Cells(2, 2).Value = "病人姓名"
        mysheet.Cells(2, 3).Value = "性别"
        mysheet.Cells(2, 4).Value = "床号"
        mysheet.Cells(2, 5).Value = "住院科室"
        mysheet.Cells(2, 6).Value = "主治医生"
        mysheet.Cells(2, 7).Value = "已预交住院费"
        mysheet.Cells(2, 8).Value = "诊疗项目"
        mysheet.Cells(2, 9).Value = "诊疗费用"
        mysheet.Cells(2, 10).Value = "诊疗时间"
        mysheet.Cells(3, 1).CopyFromRecordset Adodc1.Recordset              '从数据集读取数据
        myexcel.Visible = True
        Set mysheet = Nothing
    End Sub
    '单击"退出"按钮执行代码
    Private Sub cmdExit_Click()
        Unload Me
    End Sub
```

当单击系统菜单中的"收费管理"→"每日费用清单"命令后，就会出现 frmFeeDailyReport 窗体界面，此时先后通过选择"住院科室"和"住院号"下拉列表找到需要输出每日费用清单的病人，此时病人的姓名就会出现在窗体中，确认后再选择报告的日期，即产生费用的日期，最后单击"确定"按钮，即可看到在下方的数据网格控件中显示当日的诊疗费用清单，如果需要输出到 EXCEL 以便打印出来，还可以单击"输出到 EXCEL"按钮。如图 3.10 所示是窗体运行后的实际效果。

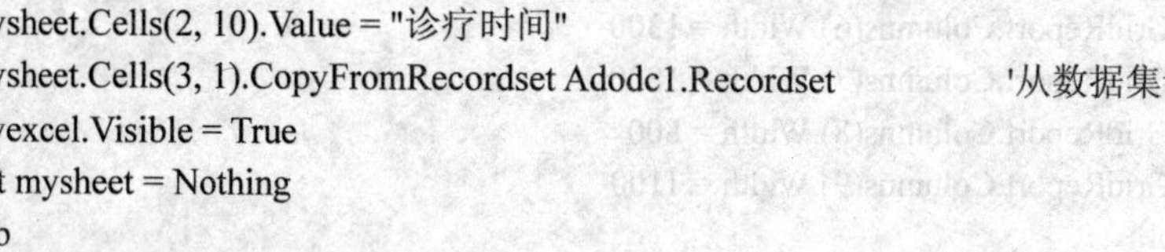

图 3.10 "每日费用清单"窗体执行效果

由于受篇幅限制，本系统对资料管理、流动控制、办理出院模块的设计过程不进行详细介绍，读者可参照病人管理和收费管理模块进行设计实现。

案例 4　学生信息管理系统开发

学生信息管理系统是一个非常通用的数据管理系统。很多大、中、小学校都需要拥有自己的学生档案管理系统，以便对本校学生的基本信息和学习情况进行管理；另一方面，较完整的学校信息管理系统同样也需要有学生信息管理系统的支持。

4.1　系统需求分析

学生信息管理系统应符合教学管理的规定，满足对教学信息管理的需要，并达到操作过程中的直观、方便、实用、安全等要求。系统采用模块化程序设计的方法，便于系统功能的组合、修改、扩充和维护。

学生信息管理系统的主要任务是实现对学校各院系和所有学生的系统管理，系统主要包括以下功能：

（1）院系信息管理。院系信息的录入和包括院系编号和院系名称等信息；院系信息的修改、删除、查询。

（2）学生基本信息管理。学生基本信息的录入，包括学号、姓名、性别、出生日期、所在院系、班级等信息；学生基本信息的修改、删除、查询。

（3）学生照片管理。照片的存储和管理与其他基本信息不同，需要独立出照片管理功能，包括学生照片的录入和将指定的图像文本存储到数据库中；学生照片的修改、删除、查询。

（4）课程设置管理。课程信息的录入，包括课程编号、课程名称、学分、课程内容等信息；课程信息的修改、删除、查询。

（5）学生成绩管理。学生成绩信息的录入，包括课程编号、学生编号、分数等信息；学生成绩信息的修改、删除、查询。

（6）系统用户管理。系统允许有多个用户使用，不同的用户可以访问不同的功能模块。系统用户管理包括用户信息的录入，如用户名、密码等信息；系统用户信息的修改、删除、查询。

4.2　系统设计

系统设计涉及系统功能设计、数据库设计和系统界面设计等几个方面。

4.2.1　系统功能设计

从系统功能描述可以看出，本实例可以实现 6 个主要功能，根据这些功能设计出系统的功能模块，如图 4.1 所示。

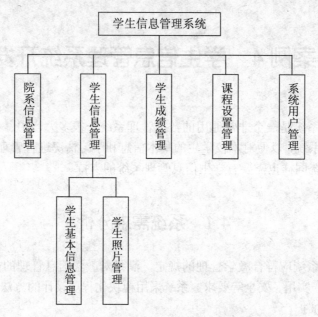

图 4.1　学生信息管理系统功能模块图

在如图 4.1 所示的层次结构中，每一个结点都是一个最小的功能模块。每一个功能模块都需要针对不同的表完成相同的数据库操作，即添加记录、修改记录、删除记录以及查询显示记录信息。

下面分析系统各功能模块之间的关系。

（1）学生基本信息管理模块是整个系统的核心。除了院系管理模块外，其他各个模块都针对每个学生的一个方面进行管理。

（2）学生成绩管理模块涉及多种数据，由学生基本信息管理模块提供学生数据，由课程信息管理模块提供课程数据。

（3）用户管理包括用户信息管理和权限控制等模块。权限控制虽然不是一个独立存在的模块，但是它却贯穿在整个系统的运行过程当中。用户管理模块的功能比较简单，在系统初始化时，有一个默认的"系统管理员"用户 Admin，由程序设计人员手动添加到数据库中。Admin 用户可以创建用户、修改用户信息和删除用户；普通用户则只能修改自己的密码。

为了对系统有一个完整而全面的认识，还需要进行系统流程分析。所谓系统流程，就是用户在使用系统时的工作过程。对于多类型用户的管理系统来说，每一类用户的工作流程都是不相同的。多用户系统的工作流程都是从用户登录模块开始，对用户的身份进行认证。身份认证可以分为以下两个过程：①确认用户是否是有效的系统用户；②确定用户的类型，在本系统中分为系统用户和普通用户。第一个过程决定用户能否进入系统；第二个过程根据用户的类型决定用户的操作权限，从而决定用户的工作界面，如图 4.2 所示。

在系统的工作流程中，还将体现各个功能模块之间的依存关系。如必须在院系管理模块中添加至少一个院系信息，才能添加学生的基本信息；必须有一条学生的基本信息，才能添加学生照片、管理学生的成绩等。

从图 4.2 可以看到，每个用户可以进行 3 次身份认证。如果每次输入的用户名和密码都无法与数据库中的数据匹配，则强制退出系统。

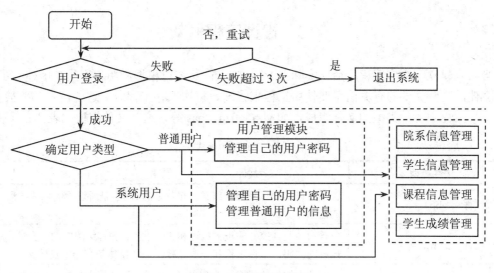

图 4.2 系统流程分析图

4.2.2 数据库设计

数据库的设计涉及数据表字段、字段约束关系、字段间的约束关系、表间约束关系等方面。本系统的数据库就使用本书配套教材《数据库技术与应用》（第二版）"中第 2 章介绍的示例数据库 student_db，省略了概念结构设计和逻辑结构设计。

student_db 数据库包含 4 个表：院系信息表 D_Info、学生基本信息表 St_Info、课程设置表 C_Info、选课信息表 S_C_Info。

为了实现系统的用户身份认证功能及用户管理功能，在 student_db 数据库中增加一个用户信息表 Users，包含用户名 UserName 和密码 Password 两个字段，其结构如图 4.3 所示。

在创建表 Users 时，将默认的系统用户名 Admin 插入列表中，默认的密码和用户名相同。同时修改了数据表 St_Info 的数据结构，增加了身份证号 IDCard 和照片 Photo 两个字段，其结构如图 4.4 所示。

列名	数据类型	长度	允许空
UserName	varchar	40	
Password	varchar	40	☐

图 4.3 Users 表结构

	列名	数据类型	长度	允许空
🔑	St_ID	char	10	
	St_Name	varchar	20	
	St_Sex	char	2	
	Born_Date	datetime	8	✓
	Cl_Name	varchar	15	✓
	Telephone	varchar	20	✓
	Address	varchar	150	✓
	IDCard	char	18	✓
▶	Photo	image	16	✓
	Resume	varchar	255	✓

图 4.4 St_Info 数据结构

照片为图像信息，SQL Server 在存储图像等二进制数据时，使用 Image 数据类型定义字段。在程序设计过程中，可以把图像文件完整地存储到 Image 字段中，需要时再将数据导出到本地显示。

院系信息表 D_Info、课程设置表 C_Info 和选课信息表 S_C_Info 保持不变。

4.3 设计工程框架

当用户建立一个应用程序后，实际上 Visual Basic 系统已根据应用程序的功能建立了一系列的文件，这些文件的有关信息要使用工程来管理。每次保存工程时，这些信息都要被更新。

一个工程由各种类型的文件组成，如 vbp、frm、bas 等，这些文件类型如表 4.1 所示。

表 4.1 工程的组成

文件类型	说明
工程文件（.vbp）	管理与该工程有关的全部文件和对象的清单，是所设置的环境选项方面的信息
窗体文件（.frm）	包含窗体及其控件的正文描述和属性设置，窗体级的常数、变量，外部过程的声明、事件过程和一般过程。每个窗体都有一个窗体文件
窗体二进制数据文件（.frx）	当窗体上控件的数据属性含有二进制值（如图片或图标）而将窗体文件保存时，系统自动产生同名的.frx 文件
标准模块文件（.bas）	包含类型、常数、变量、外部过程和公共过程的公共的或模块级的声明，该文件可选
类模块文件（.cls）	用于创建含有方法和属性的用户自己的对象，该文件可选
ActiveX 控件文件（.ocx）	可以添加到工具箱并在窗体中使用，该文件可选
资源文件（.res）	包含无须重新编辑代码便可以改变的位图、字符串和其他数据，该文件可选

窗体、模块和类模块是 Visual Basic 的重要资源，它们在程序设计中具有不可替代的作用。设计好它们的功能，使其能够协调合作，这对开发数据库应用程序是非常重要的。

窗体是 Visual Basic 程序中必不可少的资源，可以实现工程的外观显示、添加程序代码、实现需要的功能。窗体文件通常直接存放在应用程序的目录下。

模块可以用来管理全局常量、变量和用户自定义函数等。在一个工程中，可以有多个模块同时存在，本实例在应用程序目录下存放模块文件。

设计数据库应用程序需要创建工程存储的目录（如本实例目录为 StuP）。运行 Visual Basic 启动程序，选择新建"标准 EXE"工程，在 Visual Basic 的工程管理器中有一个默认窗体 Form1，系统就在此基础上设计系统的主界面。

选择"工程"→"属性"命令，在"工程属性"对话框中将工程命名为 StudentM，单击"保存"按钮，工程存储为 StudentM.vbp，Form1 窗体保存为 frmMain.frm 文件。

根据 Visual Basic 功能模块的划分原则，将工程中使用的常量、全局变量，与数据库操作相关的声明、变量和函数放在模块文件中。

模块文件的建立通过选择"工程"→"添加模块"命令，在弹出的"添加模块"对话框中单击"打开"按钮，在模块"属性"窗口中将模块命名为 MStM，保存为 MStM.bas 文件到 StuP 目录下，并在模块代码窗口中添加以下代码：

```
Public strCNo As String
                              '在 frmCourseM 和 frmCourseEdit 窗体之间传递课程编号
Public vstrStID As String
```

```
Public AddEdit As Boolean          '判断是增加记录还是修改记录，True-添加，False-修改
Const BlockSize = 2048             '数据块的大小，用于照片的读写操作
Public TempFile As String          '将图像装入 Image 控件的临时文件名的路径变量
Public strUserName                 '存储当前登录系统的用户名，用于控制各种模块是否能执行
' Main 过程为工程启动对象
Public Sub Main( )
    TempFile = "D:\tmpf.dat"       '定义将图像装入 Image 控件的临时文件名称
    mfrmMain.Show
    frmLogin.Show 1                '模式的作用是执行完 frmlogin 窗体才可以执行其他窗体
End Sub
```

以上代码声明了工程中要用到的一些常量和变量，其具体用途在以后的系统模块设计中再逐一讨论。

代码中的 Main 过程为 StudentM 工程的启动对象，设当前工程由 Main 最先执行，它通过"工程属性"对话框中的"启动对象"选项设置。其中，窗体 mfrmMain 为系统的主界面窗体；窗体 frmLogin 为系统的登录窗体，决定用户是否可以进入系统，其具体设计过程在后面进行介绍。

学生信息管理系统框架设计为对话框类型的操作界面，用户注册登录后，可对学生信息管理的各个功能模块进行操作。

4.4　系统功能模块实现

系统按功能可分为主界面模块、登录模块、学生基本信息管理模块、学生成绩管理模块、用户管理模块、课程信息管理模块等。

4.4.1　主界面实现

本程序采用流行的菜单界面设计技术，符合商业化软件设计的要求，使得用户能够在主界面上快速进入自己想要的程序模块，如图 4.5 所示。

在图 4.5 中可以很容易看清楚整个程序的结构，用户可以很方便地从各个下拉菜单项进入各个模块。

（1）建立 MDI 窗体。主界面窗体采用 MDI 窗体形式。Visual Basic 的用户界面样式主要有两种：单文档界面（SDI）和多文档界面（MDI）。SDI 界面的应用程序一次只能打开一个文档，若要打开另一个文档，则必须先关闭已打开的文档；MDI 界面的应用程序允许同时显示多个文档，每一个文档都显示在自己的窗口中。

创建 MDI 窗体时，通过选择"工程"→"添加 MDI 窗体"命令打开"添加 MDI 窗体"对话框，单击"打开"按钮即建立了 MDI 窗体，将窗体命名为 mfrmMain，其 Caption 属性设置为"学生信息管理系统"，如图 4.5 所示，并以文件名 mfrmMain.frm 存储到 StuP 目录下。一个工程只能有一个 MDI 窗体，如果要使其他窗体成为 mfrmMain 窗体的子窗体，必须将该窗体的 MDIChild 属性设置为 True。

（2）建立系统菜单。mfrmMain 窗体中的菜单栏通过选择"工具"→"菜单编辑器"命令设计，如图 4.6 所示。

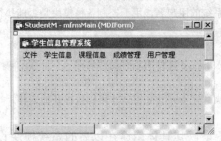 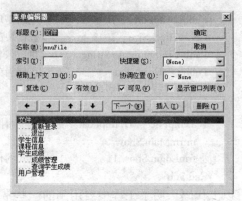

图 4.5　系统程序主界面　　　　　　　图 4.6　菜单编辑器设置

mfrmMain 窗体中的菜单控件及属性值设置如表 4.2 所示。

表 4.2　mfrmMain 窗体的菜单控件及属性值设置

控件名称	属性	属性值	控件名称	属性	属性值
Menu	Name	mnuFile	Menu	Name	mnuStScore
	Caption	文件		Caption	成绩管理
Menu	Name	mnuReLg	Menu	Name	mnuStScoreM
	RecordSource	重新登录		Caption	成绩编辑
Menu	Name	mnuExit	Menu	Name	mnuStScoreQ
	Caption	退出		Caption	成绩查询
Menu	Name	mnuStInfo	Menu	Name	mnuUser
	Caption	学生信息		Caption	用户管理
Menu	Name	mnuCourse			
	Caption	课程信息			

在设计菜单时，应按照 Windows 所设定的规范进行，这样不仅能使开发出的应用程序的菜单界面更美观丰富，而且能与 Windows 中各软件协调一致，使大量熟悉 Windows 操作的用户能够根据平时的使用经验，掌握应用程序的各个功能和简捷的操作方法，增强软件的灵活性和可操作性。

通过菜单调用其他模块需要在菜单控件的 Click 事件中添加代码。因为系统的其他功能还没有实现，所以只能添加退出系统的代码。其他的代码将在相应的功能实现后再添加到 mfrmMain 窗体中。

```
Private Sub mnuExit_Click()
    End
End Sub
```

以上介绍了主窗体的设计，在该窗体中，主要是进行界面设计和程序导航设计，没有涉及到具体的数据库设计，在后面的窗体分析中主要涉及数据库的设计。

4.4.2　系统登录窗体设计

用户要使用本系统，首先必须通过系统的身份认证，这个过程叫做登录。登录过程需要完成以下任务：

（1）根据用户名和密码来判断是否可以进入系统。

（2）根据用户类型决定用户拥有的权限。

在 StudentM 工程中创建一个新窗体，命名为 frmLogin，其布局如图 4.7 所示。

图 4.7　frmLogin 窗体布局

　　frmLogin 窗体中包含两个文本框和两个命令按钮，文本框用于输入用户名和密码，一个命令按钮用于用户身份认证，另一个命令按钮用于取消用户输入的信息，以便重新操作。窗体的控件及属性值设置如表 4.3 所示。

表 4.3　frmLogin 窗体的控件及属性值设置

控件名称	属性	属性值	控件名称	属性	属性值
Form	Name	frmLogin	Label	Name	Label1
	Caption	身份验证		Caption	用户名
	ControlBox	False	Label	Name	Label2
Adodc	Name	adoUser		Caption	密码
	Visible	False	TextBox	Name	txtUserName
	CommandType	2-adCmdText		Text	空
	RecordSource	SELECT * FROM Users	TextBox	Name	txtPwd
	Caption	adoUser		Text	空

（1）公用变量。在 frmLogin 窗体的声明部分加入以下代码：

```
Public TryTimes As Integer
```

变量 TryTimes 记录用户登录的尝试次数。

（2）身份验证。当用户单击"确定"按钮时，将触发 cmdOk_Click 事件，进行身份验证。身份验证时，把当前用户输入的用户名和密码（存放在 txtUserName 和 txtPwd 控件中）与数据表 Users 中的对应用户进行比较：若用户名不正确，表示不存在该用户，不能登录；若只有密码不正确，则可以尝试三次，再不正确时，退出应用程序。其代码如下：

```
Private Sub cmdOk_Click()
    ' 数据有效性检查
    If txtUserName = "" Then
        MsgBox "请输入用户名", , "登录"
        txtUserName.SetFocus
        Exit Sub
    End If
```

```
        If txtPwd = "" Then
          MsgBox "请输入密码", , "登录"
          txtPwd.SetFocus
          Exit Sub
        End If
        ' 判断用户是否存在
        adoUser.RecordSource = " SELECT * FROM Users WHERE Username='" _
                & Trim(txtUserName) & "'"
        adoUser.Refresh
        If adoUser.Recordset.EOF = True Then
          MsgBox "用户名不存在", , "登录"
          TryTimes = TryTimes + 1
          If TryTimes >= 3 Then
            MsgBox "已经三次尝试进入本系统不成功，系统将关闭", , "登录"
            End
          Else
            Exit Sub
          End If
        End If
        '判断密码是否正确
        If Trim(adoUser.Recordset.Fields("password")) <> Trim(txtPwd) Then
          MsgBox "密码错误", , "登录"
          TryTimes = TryTimes + 1
          txtPwd.SelStart = 0
          txtPwd.SelLength = Len(txtPwd)
          txtPwd.SetFocus
          If TryTimes >= 3 Then
            MsgBox "已经三次尝试进入本系统不成功，系统将关闭", , "登录"
            End
          Else
            Exit Sub
          End If
        Else
          strUserName = Trim(txtUserName)
          Unload Me
        End If
      End Sub
```

数据有效性检查是为了判断用户输入是否为空，若为空，则直接退出该事件过程，以免与其他数据比较时造成结果不稳定；判断用户是否通过输入给 adoUser 控件的 RecordSource 属性设置查询用户名（txtUserName）来实现，如果 adoUser.Recordset.EOF 为 True，表示结果记录集为空，没有找到用户名。其中 Trim 函数删除 txtUserName 字符串的前后空格，保证比较的正确性。

TryTimes 为窗体级变量，每当尝试登录不成功时，其值加 1，当登录用户尝试了三次都不成功时，则使用 END 命令退出整个应用程序；否则继续让用户输入用户信息。

登录成功后，使用 strUserName 存储登录的用户名，以便其他模块检验用户权限。strUserName 为系统全局变量，在 MStM 模块中声明，可以被所有窗体使用。

（3）取消操作。另一个命令按钮"取消"的功能则是因用户输入信息错误，需要撤消其操作。实现该功能的代码如下：

```
Private Sub cmdCancel_Click()
    txtUserName = ""
    txtPwd = ""
    txtUserName.SetFocus
End Sub
```

（4）按回车键实现身份验证。有的用户在操作时习惯在输入一个数据后按回车键，以完成数据信息的输入，让程序自动进入身份验证。为实现此功能，可以在 txtPwd_KeyPress 事件中加入以下代码：

```
Private Sub txtPwd_KeyPress(KeyAscii As Integer)
    If KeyAscii = 13 Then
        cmdOk_Click
    End If
End Sub
```

txtPwd_KeyPress 事件中，当有键被按下时触发，返回 KeyAscii 参数，其中存放了当前输入键的 ASCII 值。KeyAscii=13 表示输入的键值为回车键，调用 cmdOk_Click 事件，实现单击"确定"按钮的操作。

（5）调用登录窗体。登录窗体的代码设计完成后，可以在 Main 过程中加入以下代码：

```
Public Sub Main()
    TempFile = "D:\tmpf.dat"         ' 定义将图像装入 Image 控件的临时文件名称
    mfrmMain.Show
    frmLogin.Show 1                  ' 模式的作用是执行完 frmlogin 窗体才可以执行其他窗体
End Sub
```

Main 过程依次装载了 mfrmMain 窗体与 frmLogin 窗体。mfrmMain 窗体为 MDI 窗体，本系统的大多数窗体都作为其子窗体运行，这些窗体只能以无模式方式显示，即随后的代码继续执行，则可以同时在 mfrmMain 窗体运行多个窗体。但有些窗体的执行需要在其他窗体执行前完成，如 frmLogin 窗体应完成身份验证并卸载后，才允许其他窗体执行。为此，设计时将 frmLogin 窗体设置为 SDI 窗体，即 MDIChild 属性值为 False，且装载时使用模式显示方式，即随后的代码直到 frmLogin 窗体被隐藏或卸载时才能执行。这样，就保证了直到用户身份确认后，才使 mfrmMain 窗体有效并进入系统。

注意：当 frmLogin 窗体带有控制按钮时，窗体的关闭操作可以通过用户单击 frmLogin 窗体右上角的控制按钮 ✕ 完成，也可以通过 frmLogin 窗体的 cmdOk_Click 事件中的 Unload Me 语句完成。这样就不能确保用户是通过身份验证后才退出窗体的，因此需要在登录窗体中取消控制按钮，即使其 ControlBox 属性值为 False，用户也只能通过单击"确定"或"取消"按钮来关闭登录窗体。

（6）重新登录。若要在 mfrmMain 窗体中（即系统运行过程中）更新用户，则需要重新登录。这可以通过选择"文件"→"重新登录"命令调用 frmLogin 窗体而不必退出系统，其代码如下：

```
Private Sub mnuReLg_Click()
    frmLogin.Show 1
End Sub
```

其中，mnuReLg 为"重新登录"菜单项控件名称。

提示：在设计窗体时，建议使用含义明确的字符串定义控件名称。如菜单控件名称以 mnu 开头，文本框以 txt 开头，命令按钮以 cmd 开头。后面的字符串也具有特定的含义，如"重新登录"菜单控件名称定义为 mnuReLg，"姓名"文本框的名称定义为 txtName，"确定"按钮的名称定义为 cmdOk，这种命名规则能够使程序的结构清晰、可读性强、便于调试。

4.4.3 学生基本信息管理模块设计

学生基本信息管理模块实现以下功能：添加学生记录、修改学生基本信息、删除学生记录、查看学生基本信息。

为了方便用户查看学生基本信息，在学生基本信息管理窗体上以只读方式显示某个学生记录，如图 4.8 窗体右侧所示，显示的是地学与环境工程学院地质 0601 班张小娟的基本信息。查看的方式为通过组合框选择院系，一旦选定了某个院系，则该院系的所有班级便以列表框形式列出，一旦选定班级，同样在另一个列表框中将选定班级的所有学生列出。

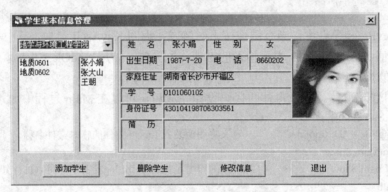

图 4.8 "学生基本信息管理"窗体布局

添加与修改学生记录涉及到数据表中的数据变化，为了保证数据的完整性，通过调用另一个编辑窗体来实现。

学生基本信息管理窗体的控件及属性值设置如表 4.4 所示。

表 4.4 frmStuM 窗体的控件及属性值设置

控件名称	属性	属性值	控件名称	属性	属性值
Form	Name	frmStuM	CommandButton	Name	cmdAdd
	Caption	学生基本信息管理		Caption	添加学生
	MDIChild	True	Command Button	Name	cmdDel
Adodc	Name	adoClg		Caption	删除学生
	CommandType	2-adCmdTable	CommandButton	Name	cmdEdit
	RcordSource	D_Info		Caption	修改信息
Adodc	Name	adoClass	CommandButton	Name	cmdExit
	CommandType	1-adCmdText		Caption	退出
	RecordSource	SELECT Cl_Name FROM St_Info GROUP By Cl_Name ORDER By Cl_Name	Label	Name	lbName
				DataSource	adoStDetail
				DataField	St_Name

控件名称	属性	属性值	控件名称	属性	属性值
Adodc	Name	adoName	Label	Name	lbSex
	CommandType	1-adCmdText		DataSource	adoStDetail
	RecordSource	SELECT * FROM St_Info		DataField	St_Sex
Adodc	Name	adoStDetail	Label	Name	lbBDate
	CommandType	1-adCmdText		DataSource	adoStDetail
	RecordSource	SELECT * FROM St_Info		DataField	Born_Date
Image	Name	ImgPhoto	Label	Name	lbTel
	ToolTipText	按右键弹出快捷菜单		DataSource	adoStDetail
DataCombo	Name	cmbClg		DataField	Telephone
	RowSource	adoClg	Label	Name	lbAdr
	ListField	D_Name		DataSource	adoStDetail
	DataSource	adoClg		DataField	Address
	DataField	D_ID	Label	Name	lbID
	BoundColumn	D_ID		DataSource	adoStDetail
	Style	2-dbcDropdownList		DataField	St_ID
DataList	Name	lstClass	Label	Name	lbIDCard
	RowSource	adoClass		DataSource	adoStDetail
	ListField	Cl_Name		DataField	IDCard
	BoundColumn	Cl_Name	Label	Name	Resume
DataList	Name	lstStName		DataSource	adoStDetail
	RowSource	adoName		DataField	Resume
	ListField	St_Name			
	BoundColumn	St_ID			

控件 Label1~Label8 分别标识数据表 St_Info 表的字段名姓名、性别、出生日期、电话、家庭住址、学号、身份证号、简历等，将所有 Label 控件的 BorderStyle 属性设置为 1-vbFixedSingle，呈现表格外观。窗体的 MDIChild 属性设为 True，表明 frmStuM 窗体为主窗体 mfrmMain 的子窗体。

当 frmStuM 窗体载入时，需要使院系组合框 cmbClg、班级列表框 lstClass、学生列表框 lstStName 都显示一个初始值，应在 Form_Load 事件中添加以下代码：

```
Private Sub Form_Load()
    strClg = adoClg.Recordset.Fields("D_ID")
    adoClass.RecordSource = " SELECT DISTINCT Cl_Name FROM St_Info WHERE    "_
            & "SUBSTRING(St_ID,1,2)='" & strClg & "'"
    adoClass.Refresh
    strClass = ""
    If Not adoClass.Recordset.EOF Then
        strClass = adoClass.Recordset.Fields("Cl_Name")
```

```
            End If
            adoName.RecordSource = "SELECT * FROM St_Info WHERE Cl_Name='" & strClass & "'"
            adoName.Refresh
        End Sub
```

在 frmStuM 窗体中要实现以下功能：

（1）选择学生记录。

在 frmStuM 窗体中，学生的选择通过数据绑定组合框（DataCombo）控件 cmbClg 确定院系，数据绑定列表框（DataList）控件 lstClass 确定班级、控件 lstStName 确定学生。

由表 4.4 可以看出，控件 cmbClg 由 ADO Data 控件 adoClg 提供数据源，控件 adoClg 的属性 RowSource 和 ListField 控制其显示的数据是 D_Info 表的 D_Name 字段，即院系名称；而绑定的是 D_ID 字段，即院系编号，通过控件 adoClg 的三个属性 DataSource、DataField 和 BoundColumn 控制。这种设置方法可以方便查找选定的院系班级，因为学号是按院系班级来编号的。

控件 lstClass 的数据源是 ADO Data 控件 adoClass。控件 lstStName 的数据源是 adoName，与控件 cmbClg 相同，它显示的字段是 St_Name，而绑定的字段是 St_ID，以方便查找选定 St_ID 值为学生记录。

1）院系选择。当单击控件 cmbClg 时，选择一个院系名称，将使整个窗体数据随之发生改变。为此，必须在事件 cmbClg_Change 中添加以下代码：

```
        Private Sub cmbClg_Change()
            strClg = cmbClg.BoundText
            adoClass.RecordSource = "SELECT DISTINCT Cl_Name FROM St_Info WHERE " _
                    & "SUBSTRING(St_ID,1,2)='" & strClg & "'"
            adoClass.Refresh
            lstClass_Click    ' 调用 lstClass 控件的 Click 事件，使这些记录集的第一条记录自动显示
        End Sub
```

代码中的 strClg 为窗体级变量，即在窗体的声明部分定义，用于存储当前选择的院系编号，这样的变量还有两个：

```
        Dim strClg As String
        Dim strClass As String                ' 存储当前选择的班级名称
        Dim strName As String                 ' 存储当前选择的学生学号
```

在事件 cmbClg_Change 中重新设置 adoClass.RecordSource 属性，使得学号 St_ID 中的第 1 个和第 2 个数字与变量 strClg 相同的所有班级被 SELECT 语句（其中 DISTINCT 参数控制筛选出的班级名称为唯一值）查询，并作为结果集返回给 ADO Data 控件 adoClass，因此事件 cmbClg_Change 刷新了控件 lstClass，使之显示该院系的所有班级。

为了使控件 lstStName 和选择的学生信息随之刷新，需要在事件 cmbClg_Change 中调用 lstClass_Click 事件，模拟控件 lstClass 被单击。同样，当某一个班级被选择时，应刷新控件 lstStName 和学生信息。

2）班级选择。lstClass_Click 事件的代码如下：

```
        Private Sub lstClass_Click()
            strClass = lstClass.BoundText
            ' 如果没有选择班级，则进行初始化处理
            If strClass = "" And Not adoClass.Recordset.EOF Then
                strClass = adoClass.Recordset.Fields("Cl_Name")
```

```
        End If
        adoName.RecordSource = "SELECT * FROM St_Info WHERE Cl_Name='" & strClass & "'"
        adoName.Refresh
        lstStName_Click                                  ' 调用 lstStName 控件的 Click 事件
    End Sub
```

如果学生记录没有班级名称，则无法从 lstClass 控件列出。如果没有在 lstClass 控件列表中选择班级，则 lstClass.BoundText 为空，使得 strClass 变量为空，影响 lstStName 控件无法列出班级学生。因此，在 lstClass_Click 事件中对此情况进行初始化，实质上是将 strClass 的值设置为 adoClass.Recordset 的当前记录（通常是第一条记录）的班级字段值。

将 adoName.RecordSource 属性重新设置为班级名称为 strClass 的所有学生，调用 lstStName_Click 事件，模拟控件 lstStName 被单击，实现控件 lstStName 的刷新。

3）学生姓名选择。lstStName_Click 事件的代码如下：

```
    Private Sub lstStName_Click()
        strName = Trim(lstStName.BoundText)
        ' 如果没有选择学生，则进行初始化处理
        If strName = "" And Not adoName.Recordset.EOF Then
            strName = adoName.Recordset.Fields("St_ID")
        End If
        '根据选择的学生更新 adoStDetail
        adoStDetail.RecordSource = "SELECT * FROM St_Info WHERE St_ID='" & strName & "'"
        adoStDetail.Refresh
        ' 显示学生的照片
        Call ShowImage(ImgPhoto, adoStDetail)
        ' 读取当前学生信息到 crustu
    End Sub
```

在 lstStName_Click 事件中，不仅重新设置了 adoStDetail.RecordSource 属性值，使之查询 St_Info 表中被 lstClass 控件选择的学生基本信息记录，而且还调用了 ShowImage 过程以显示学生的照片。

照片在 SQL Server 中以 Image 类型字段存储，Image 类型字段不能直接使用 INSERT 和 UPDATE 语句插入和更新。因此，对照片图像的处理需要使用专门的处理函数，这将在照片管理部分详细说明。

用 Label 控件显示学生记录的各字段数据与 adoStDetail 绑定，adoStDetail 的记录源一更新，则 Label 控件显示的数据也随之变化。

提示：在程序设计中，经常需要把数据库中满足一定条件的数据读取到组合框或列表框中，以便用户选择。可以使用两种方法实现此功能：一是使用 DataCombo 控件作为组合框，使用 DataList 控件作为列表框，把需要的数据读取到 ADO Data 控件中，将 DataList 控件的 RowSource 属性设置为 ADO Data 控件，ListField 属性设置为要读取的字段，需要的数据就会自动出现在列表框中（组合框的方法也是一样），这种方法比较方便，不需要编写任何代码；二是可以使用 ComboBox 控件作为组合框，使用 ListBox 控件作为列表框，编写程序，将需要的数据从表中读取到一个（或一组）全局数据组中，然后再使用 AddItem 方法把数据组中的元素依次添加到 ComboBox 或 ListBox 控件中，这种方法比较灵活，程序员可以控制程序的实现方法，增加一些扩展功能，同时全局数组中的数据不可以提供给其他部分的程序使用。本实例中使用第一种方法。

（2）添加学生基本信息。

用户单击 frmStuM 的"添加学生"按钮时，执行 cmdAdd_Click 事件，其代码如下：

```
Private Sub cmdAdd_Click()
    frmStAdd.Show 1
End Sub
```

cmdAdd_Click 事件以模式方式调用了 frmStAdd 窗体。frmStAdd 窗体用于添加学生基本信息，基本信息中不包含照片，如图 4.9 所示为该窗体的控件布局。

图 4.9　frmStAdd 窗体布局

创建新窗体 frmStAdd，按表 4.5 所示设置控件及其属性值。

表 4.5　frmStAdd 窗体的控件及其属性值设置

控件名称	属性	属性值	控件名称	属性	属性值
Form	Name	frmStAdd	TextBox	Name	txtBDate
	Caption	添加学生		DataSource	adoEdit
	MDIChild	False		DataField	Born_Date
Adodc	Name	adoEdit	TextBox	Name	txtClName
	CommandType	1-adCmdText		DataSource	adoEdit
	RecordSource	SELECT * FROM St_Info WHERE St_ID="		DataField	Cl_Name
			TextBox	Name	txtTel
ComboBox	Name	cmbClg		DataSource	adoEdit
	List	男		DataField	Telephone
		女	TextBox	Name	txtAddr
	DataSource	adoEdit		DataSource	adoEdit
	DataField	St_Sex		DataField	Address
	Style	0-vbComboDropDown	TextBox	Name	txtResume
DateTimePicker	Name	dtpBDate		DataSource	adoEdit
	Visible	False		DataField	Resume
TextBox	Name	txtStID	CommandButton	Name	cmdAdd
	DataSource	adoEdit		Caption	确认
	DataField	St_ID	CommandButton	Name	cmdCancel
TextBox	Name	txtStName		Caption	取消
	DataSource	adoEdit			
	DataField	St_Name			

1）窗体载入。当 frmStAdd 窗体载入时，应使 adoEdit 控件的 Recordset 处于添加数据状态，在 Form_Activate 事件或 Form_Load 事件中通过 AddNew 方法完成，其代码如下：

```
Private Sub Form_Activate()
    adoEdit.Recordset.AddNew
    txtStID.SetFocus                    ' 将光标移到学号文本框
End Sub
```

2）日期输入。txtBDate 控件与 ADO Data 控件的 adoEdit 绑定，显示 St_Info 表的 Born_Date 字段。但使用文本框输入日期对用户来说很不方便，而且有可能输入无效的日期数据，为此使用 DateTimePicker 控件为字段 Born_Date 提供格式化日期，使得日期选择操作更简单。

当 txtBDate 控件获得焦点时（即光标在该控件上），就使 dtpBDate 控件的 Visible 属性为 True（即显示该控件），下拉该控件的日期选择对话框进行日期选择，如图 4.10 所示。

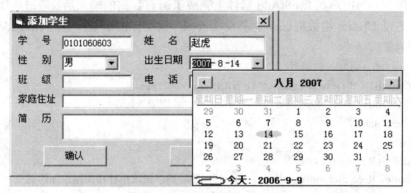

图 4.10　dtpBDate 控件选择日期

将选择的日期填充到 txtBDate 控件中，由 dtpBDate_Change 事件控制，其代码如下：

```
Private Sub txtBDate_GotFocus()
    dtpBDate.Visible = True                    ' 显示 dtpBDate 控件
End Sub
Private Sub dtpBDate_Change()
    txtBDate.Text = dtpBDate.Value
End Sub
```

DateTimePicker 控件是 ActiveX 控件组的一部分，包含在 MSCOMCT2.OCX 文件中。要在应用程序中使用 DateTimePicker 控件，必须将 MSCOMCT2.OCX 文件加入到工程之中。

3）性别选择。与日期型数据相似，性别的选择可以使用 ComboBox 控件并将其绑定在 adoEdit 控件记录集的 St_Sex 字段上，其 List 属性在设计时输入"男"和"女"两个选项，运行时，用户可在下拉列表中选择，既方便快捷，又不容易出错。

4）电话号码输入。电话号码为数字字符，在输入时，应限制用户只能输入数字 0～9，可以通过函数 In_Int 进行数据检查，在 txtTel_KeyPress 事件中实现，其代码如下：

```
Private Sub txtTel_KeyPress(KeyAscii As Integer)
    If   In_Int(KeyAscii) = False Then
        MsgBox "电话号码应为数字", , "输入错误"
        KeyAscii = 0
    End If
End Sub
```

```
Public Function In_Int(KeyAscii As Integer) As Boolean
    If Chr(KeyAscii) >= "0" And Chr(KeyAscii) <= "9" Then
        In_Int = True
    Else
        In_Int = False
    End If
End Function
```

函数 In_Int 判断输入的键值是否为数字，其参数为输入键的 ASCII 码值，函数 Chr 将 ASCII 码转换为字符。

txtTel_KeyPress 事件中，每当有键按下时触发，返回键的 ASCII 码值，在该事件中检查每个输入的键值是否为数字健，若是，则继续输入；否则显示出错信息，重新输入。

5）数据保存。当用户在 frmStAdd 窗体上完成了所有数据的输入后，通过 ADO Data 控件的 Recordset 方法 Update 将数据保存到表 St_Info 中，该操作由命令按钮的 cmdAdd_Click 事件实现，其代码如下：

```
Private Sub cmdAdd_Click()
    If txtStID = "" Or txtStName = "" Or txtClName = "" Then
        MsgBox "学号、姓名或班级不能为空！", , "数据输入错误"
        Exit Sub
    End If
    adoEdit.Recordset.Update
    adoEdit.Recordset.MoveLast                ' 移动当前记录指针指向刚添加的记录
    frmStuM.adoStDetail.Refresh
    frmStuM.RcdUpdate (adoEdit.Recordset.Fields("St_ID "))
    Unload Me
End Sub
```

If 语句检查在"学号"、"姓名"、"班级"文本框是否输入数据，若为空，则不能保存数据，这是数据有效性检查，避免数据库运行出错。当输入的数据被保存后，移动当前记录指针指向刚添加的记录，刷新 frmStuM 窗体的 adoStDetail 控件，并调用 frmStuM 窗体的 RcdUpdate 过程，使 frmStuM 窗体显示刚添加的学生基本信息。RcdUpdate 过程的代码如下：

```
' RcdUpdate 过程由 frmStAdd 窗体调用
Sub RcdUpdate(ByVal vStID As String)
    strClg = Left(Trim(vStID), 2)
    adoClass.RecordSource = "SELECT DISTINCT Cl_Name FROM St_Info " _
            & "WHERE SUBSTRING(St_ID,1,2)='" & strClg & "'"
    adoClass.Refresh
    adoName.RecordSource = "SELECT * FROM St_Info WHERE Cl_Name=" _
            & "(SELECT DISTINCT Cl_Name FROM St_Info WHERE St_ID ='" _
            & Trim(vStID) & "')"
    adoName.Refresh
    adoStDetail.RecordSource = " SELECT * FROM St_Info WHERE St_ID ='" _
            & Trim(vStID) & "'"
    adoStDetail.Refresh
    adoStDetail.Recordset.Find " St_ID ='" & vStID & "'"
End Sub
```

在 RcdUpdate 过程中，以刚添加学生的学号为其参数 vStID 的值，首先通过 adoClass 控件在 lstClass 控件中列出该学生所在班级的名称；然后通过 adoName 控件在 lstStName 中列出该班级的所有学生；最后通过 adoStDetail 控件记录源的 Find 方法确定刚添加的学生为当前记录，并在 frmStuM 窗体的右侧显示该生基本信息。

6）取消操作。当 frmStAdd 窗体的数据输入有错时，用户可以单击"取消"按钮撤消输入的数据，其代码如下：

```
Private Sub cmdCancel_Click()
    adoEdit.Recordset.CancelUpdate
    adoEdit.Recordset.AddNew
End Sub
```

frmStAdd 窗体的 MDIChild 属性值为 False，它不是调用窗体的子窗体。这是为了保证在 frmStAdd 窗体关闭之前不能执行其他窗体的代码，以维护数据库中数据的完整性。

（3）修改学生记录。

当用户单击 frmStuM 窗体的"修改信息"按钮时，触发 cmdEdit_Click 事件，其代码如下：

```
Private Sub cmdEdit_Click()
    vStrStID = Trim(adoStDetail.Recordset.Fields("St_ID"))
    frmStEdit.Show 1
End Sub
```

在 cmdEdit_Click 事件中，vStrStID 为全局变量，定义在模块 MStM 中，负责在窗体间传递被选择学生的学号。

frmStEdit 窗体用于显示当前选择的学生基本信息并进行数据的修改。在窗体载入时需设置 adoEdit.RecordSource 属性，使其查询学号为 vStrStID 的学生记录并显示在窗体上。

```
Private Sub Form_Load()
    adoEdit.RecordSource="SELECT * FROM St_Info WHERE St_ID='" & vStrStID & "'"
    adoEdit.Refresh
End Sub
```

frmStEdit 窗体的布局、控件及属性设置与 frmStAdd 窗体相同，各控件的事件代码也相同，在此不再赘述。

（4）删除学生记录。

当用户单击 frmStuM 窗体的"删除学生"按钮时，将触发 cmdDel_Click 事件，其代码如下：

```
Private Sub cmdDel_Click()
    ' 检查是否选择要删除的学生记录
    If lstStName.BoundText = "" Then
        MsgBox "请选择要删除的学生", , "删除学生"
        Exit Sub
    End If
    ' 确定是否删除
    If MsgBox("学生姓名: " + lbName + Chr(13), vbYesNo, "是否删除") = vbNo Then
        Exit Sub
    End If
    ' 调用 Delete 方法删除选择的学生信息
```

```
        adoStDetail.Recordset.Delete
        adoStDetail.Recordset.MoveNext
        lstClass_Click
    End Sub
```

代码中，lstStName.BoundText 若为空，则表明 lstStName 控件没有选择项，退出该过程；否则显示信息对话框，让用户确定是否删除已选择的学生记录，若是，则调用 adoStDetail 控件记录集的 Delete 方法实现删除操作，并将当前记录指针移动到被删除记录的下一条记录，调用 lstClass_Click 事件刷新学生名称列表。

（5）照片管理。

照片管理包括照片的显示、添加、删除等功能。

在本案例中，学生照片使用 Image 数据类型字段存储。在 SQL Server 中处理图像数据对于许多程序设计人员来说是一个棘手的问题。因为用 Image 数据类型定义的字段不能使用 INSERT、UPDATE 和 SELECT 等语句进行读写。写入图像数据时，通常需要采取文件操作的方法打开指定的文件，分段读取文件中的内容，再使用 AppendChunk 方法把读取的数据写入到指定的字段中；显示数据内容时，也需要使用 GetChunk 方法从字段中分段读取数据，然后依次写入到一个临时文件中，再显示临时文件的内容。

1）显示与存储照片子过程。在 MStM 模块中设计两个过程 ShowImage 和 SaveImage，用来管理数据库读写图像字段的操作，其代码如下：

```
' ShowImage 过程从照片字段 Photo 中读取所有的图像数据，存储在临时文件 TempFile 中，
' 使用 LoadPicture 函数为 Image 控件装载 TempFile 文件中的照片
Public Sub ShowImage(Image1 As Image, Adodc1 As Adodc)
    Dim ByteChunk() As Byte
    FieldSize = Adodc1.Recordset.Fields("Photo").ActualSize
    ' ActualSize 属性指示字段值的实际长度
    If FieldSize <= 0 Then
        Image1.Picture = LoadPicture("")
        Exit Sub
    End If
    SourceFile = FreeFile                                   ' FreeFile 函数返回下一个可用的文件号
    Open TempFile For Binary Access Write As SourceFile     ' 打开文件
    ' 计算数据块
    NumBlocks = FieldSize \ BlockSize
    LeftOver = FieldSize Mod BlockSize                      ' 得到剩余字节数
    ' 分块读取图像数据，并写入到文件中
    If LeftOver <> 0 Then
        ReDim ByteChunk(LeftOver) As Byte
        ByteChunk() = Adodc1.Recordset.Fields("Photo").GetChunk(LeftOver)
        Put SourceFile, , ByteChunk()
    End If
    For i = 1 To NumBlocks
        ReDim ByteChunk(BlockSize) As Byte
        ByteChunk() = Adodc1.Recordset.Fields("Photo").GetChunk(BlockSize)
        Put SourceFile, , ByteChunk()
    Next i
```

```
            Close SourceFile
            Image1.Picture = LoadPicture(TempFile)              ' 将文件装入到 Image1 控件中
            Kill (TempFile)                                     ' 删除临时文件
        End Sub
        ' SaveImage 过程从图像文件读取数据，并写到字段 Photo 中
        Public Sub SaveImage(ByVal ImageFile As String, Adodc1 As Adodc)
            If Adodc1.Recordset.BOF = True Or Adodc1.Recordset.EOF = True Then
                Exit Sub
            End If
            If ImageFile = "" Then
                Exit Sub
            End If
            SourceFile = FreeFile                               ' 提供一个尚未使用的文件号
            Open ImageFile For Binary Access Read As SourceFile ' 打开文件
            FileLength = LOF(SourceFile)                        ' 得到文件长度
        ' 判断文件是否存在
            If FileLength = 0 Then
            Close SourceFile
            MsgBox disfile & "无内容或不存在!"
            Else
                NumBlocks = FileLength \ BlockSize              ' 得到数据块的个数
                LeftOver = FileLength Mod BlockSize             ' 得到剩余字节数
                Adodc1.Recordset.Fields("photo").Value = Null
                ReDim ByteData(BlockSize) As Byte              ' 重新定义数据块的大小
                For i = 1 To NumBlocks
                    Get SourceFile, , ByteData()               ' 读到内存块中
                    Adodc1.Recordset.Fields("photo").AppendChunk ByteData() ' 写入 FLD
                Next i
                ReDim ByteData(LeftOver) As Byte              ' 重新定义内存块的大小
                Get SourceFile, , ByteData()                   ' 读到内存块中
                Adodc1.Recordset.Fields("photo").AppendChunk ByteData() ' 写入 FLD
                Close SourceFile                               ' 关闭源文件
                Adodc1.Recordset.Update
            End If
        End Sub
```

　　ShowImage 过程包含两个参数：Image1 和 Adodc1。Image1 为 Image 控件变量，调用时传递窗体上显示图像的 Image 控件；Adodc1 为 Adodc 控件变量，传递提供图像字段的 ADO Data 控件。ShowImage 过程的功能是从图像字段 Photo 中读取所有的图像数据，存储在临时文件 TempFile 中，使用 LoadPicture 函数为 Image 控件装载 TempFile 文件中的照片。

　　SaveImage 过程也包含两个参数：ImageFile 和 Adodc1。ImageFile 表示图像的文件名，Adodc1 表示用来存储图像字段的 ADO Dada 控件。SaveImage 过程的功能是从图像文件 ImageFile 读取数据，并写到字段 Photo 中去。

　　BlockSize 为读写图像的数据块大小的常量，可由编程人员根据系统情况自行确定该数据的大小，TempFile 为临时文件的路径变量，它们定义在 MStM 模块的通用声明部分：

```
        Const BlockSize = 2048              ' 数据块的大小，用于照片的读写操作
        Public TempFile As String           ' 将图像装入 Image 控件的临时文件名的路径变量
```

TempFile 在 Main 过程中赋值，系统一运行便将其初始化。

2）建立照片管理快捷菜单。在 frmStuM 窗体中，ImgPhoto 控件用于显示学生照片，当右击 ImgPhoto 控件时弹出快捷菜单，如图 4.11 所示。

图 4.11　照片管理快捷菜单

该快捷菜单由窗体 frmPhotoMenu 构成，控件名称及属性值设置如表 4.6 所示。

表 4.6　frmPhotoMenu 窗体的控件及属性值设置

控件名称	属性	属性值	控件名称	属性	属性值
Form	Name	frmPhotoMenu	Label	Name	Label1
	BorderStyle	0-None		Caption	设置照片
	MDIChild	False	Label	Name	Label2
CommonDialog	Name	CommonDialog1		Caption	删除照片

在 frmPhotoMenu 窗体上设置了两个 Label 控件，控件 Label1 用于从图像文件加载照片到 frmStuM 窗体的 Image 控件 Photo 上，控件 Label2 用于从控件 Photo 中删除照片。为了方便图像文件的选择，使用 CommonDialog 控件进行文件操作，其代码如下：

```
' Label1_Click 事件实现添加照片功能
Private Sub Label1_Click()
    Dim DiskFile As String
    ' 使用 CommonDialog 控件读取图像文件
    CommonDialog1.Filter = "JPEG 文件(*.jpg)|*.jpg|BMP 文件(*.bmp)|*.bmp" _
                        & "|GIF 文件(*.gif)|*.gif"
    CommonDialog1.ShowOpen
    DiskFile = CommonDialog1.FileName
    If DiskFile = "" Then
        MsgBox "请选择照片文件", , "照片管理"
        Unload Me
        Exit Sub
    End If
    ' 存储并显示照片
    Call SaveImage(DiskFile, frmStuM.adoStDetail)
    Call ShowImage(frmStuM.ImgPhoto, frmStuM.adoStDetail)
    Unload Me
End Sub
```

CommonDialog 控件的使用使得图像文件可以有多种类型，如 JPEG、BMP、GIF 等。对于 CommonDialog 控件的添加，通过选择"工程"→"部件"命令打开"部件"属性对话框，在控件列表中查找并选择 Microsoft Common Dialog Controls 6.0 选项。

变量 DiskFile 用于存储从 CommonDialog 控件返回的图像文件的路径名。同时调用 SaveImage 过程将照片存储到 frmStuM.adoStDetail 控件中，调用 ShowImage 过程将照片显示在 frmStuM 窗体上。

对于照片的删除，通过向 frmStuM.ImgPhoto 控件中添加空文件和向 Photo 字段中添加空数据实现，其代码如下：

```
' Label2_Click 事件实现删除照片功能
Private Sub Label2_Click()
    ' 使用 AppendChunk 方法向 Photo 字段中添加空数据，从而将图像删除
    frmStuM.adoStDetail.Recordset.Fields("photo").AppendChunk ""
    frmStuM.adoStDetail.Recordset.Update
    frmStuM.ImgPhoto.Picture = LoadPicture("")
    Unload Me
End Sub
```

3）弹出快捷菜单。当右击 frmStuM 窗体的 ImgPhoto 控件时，通过 ImgPhoto_MouseDown 事件过程实现快捷菜单的弹出操作，其代码如下：

```
Private Sub ImgPhoto_MouseDown(Button As Integer, Shift As Integer, X As
Single, Y As Single)
    ' 单击左键，关闭照片管理菜单
    If Button = 1 Then
     If frmPhotoMenu.Visible = True Then
        Unload frmPhotoMenu
     End If
    End If
    ' 单击右键，打开照片管理菜单
    If Button = 2 Then
     If frmStuM.adoStDetail.Recordset.EOF=True Or frmStuM.adoStDetail.
        Recordset.BOF = True Then
        Exit Sub
     End If
     frmPhotoMenu.Left = X + ImgPhoto.Left + 2000
     frmPhotoMenu.Top = Y + ImgPhoto.Top + 500
     frmPhotoMenu.Show
    End If
End Sub
```

其中，Button 参数返回当前鼠标的哪一个键被按下，Button=1 表示单击左键，执行"关闭照片管理"菜单，此时若 frmPhotoMenu 是显示的，则卸载；Button=2 表示单击右键，执行"打开照片管理"菜单，若 frmStuM.adoStDetail 的记录集为空，即没有选择学生，则不加载照片，退出该事件，否则显示 frmPhotoMenu 窗体进行照片管理。

（6）通过主界面调用学生基本信息管理窗体。

当设计好了学生基本信息管理窗体 frmStuM 后，就可以通过主界面 mfrmMain 窗体的"学生信息"菜单项来调用它，其代码如下：

```
Private Sub mnuStInfo_Click()
    frmStuM.Show
End Sub
```

其中，mnuStInfo 为"学生信息"菜单项控件名称。

4.4.4　课程设置

课程信息管理模块可以实现以下功能：添加课程信息、修改课程信息、删除课程信息、查看课程信息。

"课程信息管理"窗体布局如图 4.12 所示，3 个命令按钮分别控制添加、删除和修改课程信息操作，课程信息查询直接由课程名称列表框选择某一课程，在窗体右侧显示其具体信息。

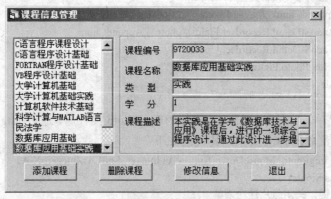

图 4.12　"课程信息管理"窗体布局

在工程中创建课程管理窗体并命名为 frmCourseM，按表 4.7 所示向窗体添加控件并设置控件的属性值。

表 4.7　frmCourseM 窗体的控件及属性值设置

控件名称	属性	属性值	控件名称	属性	属性值
Form	Name	frmCourseM	CommandButton	Name	cmdAdd
	Caption	课程信息管理		Caption	添加课程
	MDIChild	True	CommandButton	Name	cmdDel
Adodc	Name	adoCourseLst		Caption	删除课程
	CommandType	1-adCmdText	CommandButton	Name	cmdEdit
	RecordSource	SELECT * FROM C_Info		Caption	修改信息
Adodc	Name	adoCourse	CommandButton	Name	cmdExit
	CommandType	1-adCmdText		Caption	退出
	RecordSource	SELECT * FROM C_Info	Label	Name	lbCNo
DataList	Name	lstCName		DataSource	adoCourse
	RowSource	adoCourseLst		DataField	C_No
	ListField	C_Name	Label	Name	lbCName
	BoundColumn	C_No		DataSource	adoCourse
	DataSource	adoCourseLst		DataField	C_Name
	DataField	C_No	Label	Name	lbCtype

续表

控件名称	属性	属性值	控件名称	属性	属性值
TextBox	Name	txtCDes		DataSource	adoCourse
	DataSource	adoCourse		DataField	C_Type
	DataField	C_Des		Name	lbCredit
	MultiLine	True	Label	DataSource	adoCourse
				DataField	C_Credit

表 4.7 中不包含只用来显示标题的标签 Label1～Label5。ADO Data 控件 adoCourseLst 提供 DataList 控件 lstCName 的数据源，ADO Data 控件 adoCourse 为其他数据绑定控件提供数据源。

当 frmCourseM 窗体载入时，要使控件 lstCName 填充 C_Info 表的所有课程名称，并按字母顺序排序，则必须设置 adoCourseLst.RecordSource 属性，在 Form_Load 事件中添加以下代码：

```
Private Sub Form_Load()
    adoCourseLst.RecordSource = "SELECT * FROM C_Info ORDER BY C_Name"
    adoCourseLst.Refresh
    lstCName_Click
End Sub
```

Form_Load 事件代码中调用了 lstCName_Click 事件过程，这是模拟控件 lstCName 的 Click 事件触发时将发生的事件，即更新控件 adoCourse 的记录集，使 frmCourseM 窗体选择控件 lstCName 列表的第一项作为选择项，并将其具体信息显示在窗体右侧。其代码如下：

```
Private Sub lstCName_Click()
    strCNo = Trim(lstCName.BoundText)
    If strCNo = "" Then
        If Not adoCourseLst.Recordset.EOF Or Not adoCourseLst.Recordset.BOF Then
            strCNo = Trim(adoCourseLst.Recordset.Fields("C_No"))
        End If
    End If
    adoCourse.RecordSource = "SELECT * FROM C_Info WHERE C_No='" _
            & strCNo & "' ORDER BY C_Name"
    adoCourse.Refresh
End Sub
```

将 TextBox 控件 txtCDes 的 MultiLine 属性设置为 True，使 TextBox 控件可以显示多行文本，且文本可以自动换行；将 txtCDes.Locked 设置为 True，使之不可编辑，只能浏览。

注意：此处不可能使 Enabled 属性为 False，否则会禁止该控件的多行浏览功能。

（1）添加修改课程信息。

由于添加课程与修改课程两项功能的操作窗体非常相似，在此将两者合二为一，在一个窗体中实现。窗体命名为 frmCourseEdit，其布局如图 4.13 所示。

窗体 frmCourseEdit 包括 4 个 TextBox 控件、一个 ComboBox 控件、一个 ADO Data 控件等，控件及属性值设

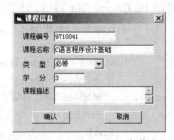

图 4.13　frmCourseEdit 窗体布局

置如表 4.8 所示，其中不包含只用来显示标题的标签 Label1~Label5。

表 4.8　frmCourseEdit 窗体的控件及属性值设置

控件名称	属性	属性值	控件名称	属性	属性值
Form	Name	frmCourseEdit	TextBox	Name	txtCName
	Caption	课程信息		DataSource	adoLesson
	MDIChild	False		DataField	C_Name
Adodc	Name	adoLesson	TextBox	Name	txtCCredit
	CommandType	1-adCmdText		DataSource	adoLesson
	RecordSource	SELECT * FROM C_Info WHERE C_No="		DataField	C_Credit
ComboBox	Name	cmbCType	TextBox	Name	txtCDes
	DataSource	adoLesson		DataSource	adoLesson
	DataField	C_Type		DataField	C_Des
	Style	0-DropDown Combo		MultiLine	True
	List	必修	CommandButton	Name	cmdOk
		实践		Caption	确认
		选修	CommandButton	Name	cmdCancel
TextBox	Name	txtCNo		Caption	取消
	DataSource	adoLesson			
	DataField	C_No			

在模块 MStM 中定义了全局变量 AddEdit 来标记当前的数据库访问状态。当 AddEdit=True 时，表示数据表 C_Info 中添加新记录；AddEdit=False 时，表示修改 C_Info 表中已有的数据。

1）添加与修改课程记录。当用户单击 frmCourseM 窗体的"添加课程"按钮时，设置 AddEdit 的变量值为 True，调用 frmCourseEdit 窗体，代码如下：

```
Private Sub cmdAdd_Click()
    AddEdit = True                          ' 添加记录
    frmCourseEdit.Show 1
End Sub
```

当用户单击 frmCourseM 窗体的"修改课程"按钮时，设置 AddEdit 的变量值为 False，也调用 frmCourseEdit 窗体，代码如下：

```
Private Sub cmdEdit_Click()
    AddEdit = False
    strCNo = lstCName.BoundText
    If strCNo = "" Then
        MsgBox "请选择课程", , "信息"
        Exit Sub
    End If
    frmCourseEdit.Show 1
End Sub
```

2）建立编辑课程信息窗体。frmCourseEdit 窗体载入时，根据 AddEdit 的值确定该窗体是添加记录还是修改已有记录。当 AddEdit 为 True 时，则调用 adoLesson 控件记录集的 AddNew 方法，其代码如下：

```
' 在 frmCourseEdit 窗体的声明部分说明 mBookmark 变量
Dim mBookmark As Variant
Private Sub Form_Load()
    If AddEdit Then
        adoLesson.Recordset.AddNew
    Else
        adoLesson.RecordSource = "SELECT * FROM C_Info WHERE C_No='" & strCNo & "'"
        adoLesson.Refresh
    End If
    mBookmark = adoLesson.Recordset.Bookmark        ' 保存当前记录的书签
End Sub
```

当 AddEdit 为 False 时，重置 adoLesson.RecordSource 为 frmCourseM 窗体当前显示的记录，strCNo 传递该课程编号的值。

3）保存编辑的课程信息。当用户在 frmCourseEdit 窗体中输入或修改了课程信息后，单击"确认"按钮以保存信息，cmdOk_Click 事件代码如下：

```
Private Sub cmdOk_Click()
    If Trim(txtCCredit.Text)="" Or Trim(txtCNo.Text) = "" _
        Or Trim(txtCName.Text)= "" Then
        MsgBox "数据不完整，课程编号、课程名称或学分不能为空!", , "输入错误"
        Exit Sub
    End If
    adoLesson.Recordset.Update
    adoLesson.Recordset.MoveLast
    frmCourseM.RcdUpdate (Trim(txtCNo.Text))
    Unload Me
End Sub
```

在保存信息之前，先检查添加或修改后的数据是否能保证数据的完整性，即课程编号、课程名称和学分不能为空。数据保存后，更新 frmCourseM 窗体的当前记录，若添加了新记录，则在 frmCourseM 窗体的右侧显示添加的数据；若修改了记录，则在 frmCourseM 窗体中显示修改后的数据，并将对应的 lstCName 控件进行更新，为此调用 frmCourseM.RcdUpdate 过程，其代码如下：

```
Public Sub RcdUpdate(ByVal vStrCNo As String)
    adoCourseLst.RecordSource = "SELECT * FROM C_Info ORDER BY C_Name"
    adoCourseLst.Refresh
    adoCourse.RecordSource = "SELECT * FROM C_Info WHERE C_No='" _
        & vStrCNo & "' ORDER BY C_Name"
    adoCourse.Refresh
    ' 确定被修改的记录在 lstCName 中的位置
    adoCourseLst.Recordset.Find "C_No ='" & vStrCNo & "'"
End Sub
```

更新 adoCourseLst 控件和 adoCourse 控件的 RecordSource 属性，使之查询到 txtCNo.Text 这个课程编程对应的记录。

4）取消操作。当单击 frmCourseEdit 窗体的"取消"按钮时，撤消刚输入或修改的数据，其代码如下：

```
Private Sub cmdCancel_Click()
    adoLesson.Recordset.CancelUpdate
    If AddEdit Then
        adoLesson.Recordset.AddNew
    Else
        adoLesson.Recordset.Bookmark = mBookmark      ' 取消刚才的操作，重置 Bookmark
    End If
End Sub
```

其中，变量 mBookmark 在 frmCourseEdit 窗体的声明部分说明，在该窗体的 Form_Load 事件中初始化为当前记录的书签，当进行"取消"操作时，将该书签变量值重置 adoLesson. Recordset.Bookmark 的属性，即恢复到刚调用该窗体的状况，达到"取消"操作的目的。

（2）删除课程信息。

当用户单击 frmCourseM 窗体的"删除课程"按钮时，触发 cmdDel_Click 事件，其代码如下：

```
Private Sub cmdDel_Click()
    ' 检查是否选择要删除的课程记录
    If Trim(lstCName.BoundText) = "" Then
        MsgBox "请选择要删除的课程"
        Exit Sub
    End If
    ' 确定是否删除
    If MsgBox("课程名称: " + lstCName.Text + Chr(13), vbYesNo, "是否删除") = vbNo Then
        Exit Sub
    End If
    ' 调用 Delete 方法删除选择的学生信息
    adoCourse.Recordset.Delete
    adoCourseLst.RecordSource = "SELECT * FROM C_Info ORDER BY C_Name"
    adoCourseLst.Refresh
    adoCourse.RecordSource = "SELECT * FROM C_Info WHERE C_No='" _
        & Trim(adoCourseLst.Recordset.Fields("C_No")) & "' ORDER BY C_Name"
    adoCourse.Refresh
End Sub
```

执行 cmdDel_Click 事件时，检查 lstCName.BoundText 是否为空，为空则表示没有选择课程，不能删除。在删除课程记录前，还要让用户确定是否真的删除该记录，只有再次确定后，才调用 adoCourse 控件记录集的 Delete 方法删除当前选定的记录，并刷新 adoCourseLst 控件和 adoCourse 控件的 RecordSource 属性，使之去掉删除的记录。

（3）课程设置模块的调用。

课程设置由 mfrmMain 窗体的"课程信息"菜单项控件 mnuCourse 调用，其代码如下：

```
Private Sub mnuCourse_Click()
    frmCourseM.Show
End Sub
```

4.4.5 成绩管理

学生成绩管理包含两个子菜单：成绩编辑和成绩查询。成绩编辑实现添加、删除和修改学生成绩等功能；成绩查询可以查询一个学生所有选修课程的成绩。

（1）成绩编辑。

学生成绩编辑窗体命名为 frmScoreM，其布局如图 4.14 所示。

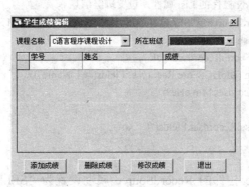

图 4.14　frmScoreM 窗体布局

从图 4.14 可以看出，frmScoreM 窗体包含两个组合框：一个选择学生所修的课程名称；一个选择学生所在班级，班级中学生的成绩在数据网格控件中列出。frmScoreM 窗体的控件及属性值设置如表 4.9 所示。

表 4.9　frmScoreM 窗体的控件及属性值设置

控件名称	属性	属性值	控件名称	属性	属性值
Form	Name	frmScoreM		Name	cmbCName
	Caption	学生成绩编辑		RowSource	adoCourse
	MDIChild	True		ListField	C_Name
Adodc	Name	adoDCScore	DataCombo	DataSource	adoCourse
	CommandType	1-adCmdText		DataField	C_No
	RecordSource	Select * From St_Info Where St_ID="		BoundColumn	C_No
				Style	2-DropdownList
Adodc	Name	adoCourse	CommandButton	Name	cmdAdd
	CommandType	1-adCmdText		Caption	添加成绩
	RecordSource	SELECT * FROM C_Info ORDER BY C_Name	CommandButton	Name	cmdDel
				Caption	删除成绩
ComboBox	Name	cmbCls	CommandButton	Name	cmdEdit
	Style	2-Dropdown List		Caption	修改成绩
DataGrid	Name	grdScore	CommandButton	Name	cmdExit
	DataSource	adoDCScore		Caption	退出

由于班级数据在学生成绩管理时不会变化，因此可以使用 ComboBox 控件 cmbCls 来控制。课程编号 C_No 与课程名称 C_Name 在成绩管理时需要频繁使用，而且要由 C_Name 获取 C_No。因此，使用 DataCombo 控件 cmbCName 来显示课程名称，其数据源由 ADO Data 控件 adoCourse 提供，绑定 C_No 字段。为此，在 frmScoreM 窗体载入时，必须对控件 cmbCls 进

行初始化。

1）窗体载入。窗体载入时执行 Form_Load 事件过程，其代码如下：

```
Private Sub Form_Load()
    ' 初始化 ComboBox 控件的 List 属性，设置班级信息
    adoDCScore.RecordSource = "SELECT DISTINCT Cl_Name FROM St_Info "
    adoDCScore.Refresh
    While Not adoDCScore.Recordset.EOF
        cmbCls.AddItem (adoDCScore.Recordset.Fields("Cl_Name"))
        adoDCScore.Recordset.MoveNext
    Wend
    strCNo = adoCourse.Recordset.Fields("C_No")
    RefreshGrid                                    ' 刷新数据网格 grdScore
End Sub
```

其中，将 adoDCScore 控件的 RecordSource 属性设置为"SELECT DISTINCT Cl_Name FROM St_Info"，可选择数据表 St_Info 中的班级名（DISTINCT 关键字去除班级名重复值），并使用 AddItem 方法将班级名 Cl_Name 添加到 cmbCls 的 List 中，在 frmScoreM 窗体运行过程中便可一直使用其数据，而不必通过数据表更新。

Form_Load 事件代码的另一个功能是初始化 DataGrid 控件 grdScore。adoDCScore 控件又为 grdScore 提供数据源，它选择数据表 St_Info、C_Info、S_C_Info 中班级名为 cmbCls.Text、课程编号为 strCNo、字段为 St_ID、St_Name、Score 的记录来初始化控件 grdScore。由于更新控件 grdScore 的操作频繁发生，故将该代码抽象为过程 RefreshGrid。

2）DataGrid 控件刷新子过程。RefreshGrid 过程用于 DataGrid 控件显示数据的刷新，其代码如下：

```
Sub RefreshGrid()
    adoDCScore.RecordSource = "SELECT s.St_ID as 学号, s.St_Name as 姓名, " _
            & "sc.Score as 成绩  FROM St_Info s,S_C_Info sc " _
            & "WHERE s.Cl_Name='" + Trim(cmbCls.Text) _
            & "' and s.St_ID=sc.St_ID and sc.C_No='" _
            & Trim(strCNo) & "'"
    adoDCScore.Refresh
    grdScore.Refresh
End Sub
```

strCNo 是定义在 MStM 模块中的全局变量，其值为当前的课程编号，是 adoCourse 记录集中当前记录的 C_No 字段值，adoCourse 在设计时已设置为按课程名称的字母排序课程记录集（参见表 4.9 的 adoCourse.RecordSource 项），在 frmScoreM 窗体载入时已初始化。

3）班级选择。当用户单击控件 cmbCls 选择某一班级时，触发 cmbCls_Click 事件，在 grdScore 中显示该班级所有学生的 cmbCName 控件所选择的课程的成绩，其代码如下：

```
Private Sub cmbCls_Click()
    RefreshGrid                          ' 刷新数据网格 grdScore
    If adoDCScore.Recordset.EOF And adoDCScore.Recordset.BOF Then
        MsgBox cmbCls.Text & " 无 " & cmbCName.Text & "成绩", , "成绩信息"
    End If
End Sub
```

4）课程选择。当用户单击 cmbCName 控件重新选择课程名称时，触发 cmbCName_Change

事件，在 grdScore 中重置该课程和 cmbCls 控件所选班级的所有学生的成绩，其代码如下：

```
Private Sub cmbCName_Change()
    strCNo = cmbCName.BoundText
    RefreshGrid
End Sub
```

5）成绩编辑。当用户单击"添加成绩"按钮时，将调用 frmScoreEdit 窗体，为 cmbCls 所选班级的学生添加 cmbCName 控件所选课程的成绩，其代码如下：

```
Private Sub cmdAdd_Click()
    If cmbCName.Text = "" Or cmbCls.Text = "" Then
        MsgBox "请选择课程名称与班级", , "添加成绩"
        Exit Sub
    End If
    AddEdit = True
    frmScoreEdit.Show 1
    RefreshGrid
End Sub
```

当用户单击"修改成绩"按钮时，将在 frmScoreEdit 窗体上显示在 frmScoreM 窗体的 grdScore 网格中选择的学生成绩信息给用户修改，其代码如下：

```
Private Sub cmdEdit_Click()
    If adoDCScore.Recordset.EOF And adoDCScore.Recordset.BOF Then
        MsgBox "请选择学生成绩", , "修改成绩"
        Exit Sub
    End If
    AddEdit = False
    frmScoreEdit.Show 1
    RefreshGrid
End Sub
```

6）建立成绩编辑窗体。从 cmdAdd_Click 和 cmdEdit_Click 事件代码中可以看出，学生成绩记录的添加和修改与"课程设置"管理功能相同，也使用同一个窗体 frmScoreEdit，通过 AddEdit 来控制，当 AddEdit = True 时添加成绩，否则修改已有成绩。frmScoreEdit 窗体的布局如图 4.15 所示。

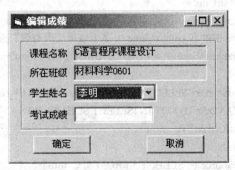

图 4.15　frmScoreEdit 窗体布局

添加成绩时，学生姓名从下拉列表框中选择，其中列出的学生姓名是所选班级和课程未添加成绩的学生，这样可避免重复添加同一学生、同一课程的成绩，窗体控件及属性值设置如表 4.10 所示。

表 4.10 frmScoreEdit 窗体的控件及属性值设置

控件名称	属性	属性值	控件名称	属性	属性值
Form	Name	frmScoreEdit	DataCombo	Name	cmbStName
	Caption	编辑成绩		RowSource	adoStName
	MDIChild	False		ListField	St_Name
Adodc	Name	adoStName		DataSource	adoStName
	CommandType	1-adCmdText		DataField	St_ID
	RecordSource	SELECT * FROM St_Info WHERE St_ID="		BoundColumn	St_ID
				Style	2-DropdownList
Adodc	Name	adoScore	TextBox	Nam	txtScore
	CommandType	1-adCmdText	CommandButton	Name	cmdOk
	RecordSource	SELECT * FROM S_C_info WHERE St_ID="		Caption	确定
Label	Name	lbCName	CommandButton	Name	cmdCancel
Label	Name	lbClass		Caption	取消

当 frmScoreEdit 窗体载入时，必须根据 AddEdit 的值来初始化窗体各控件，其代码如下：

```
' 在窗体声明部分定义了 strCid、strCourse、strClName、strStID 字符串变量
Dim strCid As String
Dim strCourse As String
Dim strClName As String
Dim strStID As String
Private Sub Form_Load()
    ' 获取 frmScoreM 窗体的当前课程名称 strCourse、课程编号 strCid、班级名称 strClName
    strClName = Trim(frmScoreM.cmbCls.Text)
    strCourse = Trim(frmScoreM.cmbCName.Text)
    strCid = Trim(frmScoreM.cmbCName.BoundText)
    ' 在本窗体中显示课程名称、班级名称
    lbCName.Caption = strCourse
    lbClass.Caption = strClName
    ' 对于添加成绩，学生姓名 cmbStName 中显示该班级所有没有成绩的学生
    ' 对于修改成绩，cmbStName 中显示用户在 frmScoreM 的 grdScore 网格中选择的学生成绩
    If AddEdit Then
        adoStName.RecordSource="SELECT * FROM St_Info WHERE Cl_Name='"& strClName _
                &"'AND St_ID NOT IN (SELECT St_ID FROM S_C_Info WHERE C_No='" _
                & strCid & "')"
        adoStName.Refresh
        adoScore.RecordSource = "SELECT * FROM S_C_info "
        adoScore.Refresh
        txtScore = ""
    Else
        strStID = frmScoreM.adoDCScore.Recordset.Fields("学号")
        adoStName.RecordSource = "SELECT * FROM St_Info WHERE St_ID='" & strStID & "'"
```

```
        adoStName.Refresh
        adoScore.RecordSource = "SELECT * FROM S_C_Info WHERE St_ID='" & strStID _
                & "'    AND C_No='" & strCid & "'"
        adoScore.Refresh
        cmbStName.Text = adoStName.Recordset.Fields("St_Name")
        txtScore = adoScore.Recordset.Fields("Score")
    End If
End Sub
```

在 Form_Load 事件代码中，首先从 frmScoreM 窗体中获取当前的课程名称、课程编号、班级名称，分别存储在变量 strCourse、strCid、strClName 中；然后为本窗体 frmScoreEdit 的"课程名称"与"所在班级"标签赋值；最后初始化 adoStName 和 adoScore 控件。对于添加成绩（AddEdit 为 True）操作，adoStName 控件选择 strClName 班没有 strCourse 课程成绩的学生姓名作为 cmbStName 控件的 List 数据项；对于修改成绩操作，adoStName 控件选择学号为 strStID 的学生姓名，adoScore 控件选择学号为 strStID、编程编号为 strCid 的学生记录，并将 Score 字段值赋给文本框 txtScore 控件。

注意：此处在 adoScore 控件上没有绑定数据绑定控件，如 txtScore 控件必须由程序赋值。

当用户单击 frmScoreEdit 窗体的"确定"按钮时，触发 cmdOk_Click 事件，将保存用户添加或修改后的数据到 S_C_Info 表中，其代码如下：

```
Private Sub cmdOk_Click()
    If cmbStName.Text = "" Or txtScore = "" Then
        MsgBox "没有选择学生或没有成绩", , "添加成绩"
        Exit Sub
    End If
    If AddEdit Then
        adoScore.Recordset.AddNew
        adoScore.Recordset.Fields("St_ID")= _
                    Trim(adoStName.Recordset.Fields("St_ID"))
        adoScore.Recordset.Fields("C_No") = Trim(strCid)
        adoScore.Recordset.Fields("Score") = txtScore
        adoScore.Recordset.Update
        adoStName.RecordSource = "SELECT * FROM St_Info WHERE Cl_Name='" _
                    & strClName _
                    & "' AND St_ID NOT IN (SELECT St_Id FROM S_C_Info WHERE C_No='"_
                    & strCid & "')"
        adoStName.Refresh
        txtScore = ""
    Else
        adoScore.Recordset.Fields("Score") = txtScore
        adoScore.Recordset.Update
    End If
End Sub
```

在 cmdOk_Click 事件代码中，为保证 S_C_Info 表的数据完整性，同样要进行数据检查，判断控件 cmbStName 和 txtScore 的值是否为空，若有任意一个为空，则不能进行数据保存。

对于添加成绩，必须为 adoScore 控件记录集的 St_ID、C_No、Score（在 S_C_Info 表中每条记录包括这三个字段）字段赋值。前两者由变量 strStID 和 strCid 确定，已在 Form_Load 事件中初始化；后者由用户输入的 txtScore 控件提供。每保存一条新记录都刷新 adoScore 控件，使 cmbStName 控件的列表去掉已有成绩的学生姓名。

对于修改成绩，adoScore 控件记录集的 St_ID 和 C_No 的值保持不变，只需要修改 Score，由 txtScore 控件提供。

7）成绩删除。当用户单击 frmScoreM 窗体的"删除成绩"按钮时，触发 cmdDel_Click 事件，执行以下代码：

```
Private Sub cmdDel_Click()
    ' 检查是否选择要删除的成绩记录
    If adoDCScore.Recordset.BOF And adoDCScore.Recordset.EOF Then
        MsgBox "请选择要删除的成绩", , "删除成绩"
        Exit Sub
    End If
    ' 确定是否删除
    If MsgBox("学生姓名:" + adoDCScore.Recordset.Fields("姓名") + Chr(13), _
            vbYesNo, "是否删除") = vbNo Then
        Exit Sub
    End If
    ' 调用 Delete 方法删除选择的成绩信息，adoDCScore 的记录集是从多个表中选择的
    ' 不能直接删除，只能重新设置记录集再进行删除操作
    strStID = adoDCScore.Recordset.Fields("学号")
    strCNo = Trim(cmbCName.BoundText)
    adoDCScore.RecordSource = "SELECT * FROM S_C_Info WHERE St_ID='" & strStID _
                & "' AND C_No='" & strCNo & "'"
    adoDCScore.Refresh
    adoDCScore.Recordset.Delete
    RefreshGrid
End Sub
```

在 cmdDel_Click 事件中，首先检查是否选择了要删除的记录，若 adoDCScore 控件的记录集中无记录，则不能进行删除操作。然后让用户确定是否真的删除记录，避免进行错误操作，在 MsgBox 的显示信息中给出当前要删除记录的学生姓名，其中函数 Chr(13) 为回车的 ASCII 码。

要删除的记录是通过 frmScoreM 窗体中的 grdScore 网格控件选择的，而为 grdScore 控件提供数据源的 adoDCScore 控件中的记录集是从三个数据表 St_Info、S_C_Info、C_Info 中关联查询得到的，所以不能用于直接删除，必须重新设置 adoDCScore 控件的数据源为表 S_C_Info 中的选定记录，才能执行 Delete 方法。

删除记录后，通过 RefreshGrid 过程刷新 adoDCScore 控件的记录源。

（2）成绩查询。

每个学生都希望能一次查询自己所修课程的全部成绩，为此专门创建一个学生查询成绩窗体，命名为 frmScoreQ，其窗体布局如图 4.16 所示。

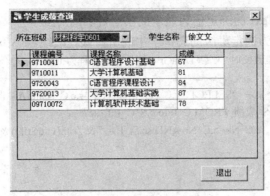

图 4.16 frmScoreQ 窗体布局

frmScoreQ 窗体的控件及属性设置与 frmScoreM 窗体基本相同,可以参照表 4.9 创建本窗体。

载入 frmScoreQ 窗体时,触发 Form_Load 事件,其代码如下:

```
Private Sub Form_Load()
    ' 初始化 ComboBox 控件的 List 属性,设置班级信息
    adoDCScore.RecordSource = "SELECT DISTINCT Cl_Name FROM St_Info"
    adoDCScore.Refresh
    While Not adoDCScore.Recordset.EOF
        cmbCls.AddItem (adoDCScore.Recordset.Fields("Cl_Name"))
        adoDCScore.Recordset.MoveNext
    Wend
    cmbCls.ListIndex = 0
    cmbCls_Click
    ' 刷新 DataGrid1 网格的内容,设置数据源
    Set grdScore.DataSource = adoDCScore
    vStrStID = adoStName.Recordset.Fields("St_ID")
    RefreshGrid
End Sub
```

班级通过 cmbCls.AddItem 方法添加到组合框的 List 中,语句 cmbCls.ListIndex = 0 是将第 0 项作为被选项(相当于在下拉列表框中单击第一项),由此调用 cmbCls_Click 事件,使 cmbStName 控件显示该班学生姓名。

```
Private Sub cmbCls_Click()
    adoStName.RecordSource = "SELECT * FROM St_Info WHERE Cl_Name='" _
                    & Trim(cmbCls.Text) & "'"
    adoStName.Refresh
    adoStName.Recordset.MoveFirst
    cmbStName_Click 0
End Sub
```

adoStName 控件记录集的 MoveFirst 方法使当前记录为第一条,并作为 cmbStName 控件的选择项,由此调用 cmbStName_Click 事件,其代码如下:

```
Private Sub cmbStName_Click(Area As Integer)
    vStrStID = cmbStName.BoundText
    RefreshGrid
End Sub
```

cmbStName.BoundText 的绑定值为显示的学生姓名的对应学号，以此通过 RefreshGrid 过程更新 grdScore 的数据为选定班级的选定学生的所修课程成绩。

```
' 当 S_C_Info 表记录集改变时，刷新 DataGrid 控件，该过程为 frmScoreQ 窗体所调用
Sub RefreshGrid()
    adoDCScore.RecordSource = "SELECT   c.C_No AS  课程编号,c.C_Name AS  课程名称," _
        & "sc.Score AS  成绩  FROM C_Info c,S_C_Info sc " _
        & "WHERE   sc.C_No=c.C_No AND sc.St_ID='" & Trim(vStrStID) & "'"
    adoDCScore.Refresh
    grdScore.Refresh
End Sub
```

4.4.6　用户管理

系统将用户分为两种类型：系统管理员和普通用户。根据用户类型的不同，用户管理模块的功能也不相同，可以包含以下情形：

（1）系统管理员（用户名为 admin）用户可以创建普通用户，对普通用户的用户名和密码进行修改、删除普通用户。

（2）admin 用户也可以修改自身的密码。

（3）普通用户只能修改自身的密码。

创建用户管理窗体，命名为 frmUserM，其窗体布局如图 4.17 所示。

窗体通过 DataList 控件选择用户记录，其控件及属性值设置如表 4.11 所示。

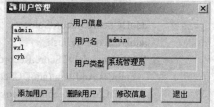

图 4.17　frmUserM 窗体布局

表 4.11　frmUserM 窗体的控件及属性值设置

控件名称	属性	属性值	控件名称	属性	属性值
Form	Name	frmUserM	CommandButton	Name	cmdDel
	Caption	用户管理		Caption	删除用户
	MDIChild	True	CommandButton	Name	cmdEdit
Adodc	Name	adoUser		Caption	修改信息
	CommandType	1-adCmdText	CommandButton	Name	cmdExit
	RecordSource	SELECT * FROM Users		Caption	退出
Label	Name	lbUserName	DataList	Name	lstUserName
	DataSource	adoUser		RowSource	adoUser
	DataField	UserName		ListField	UserName
CommandButton	Name	cmdAdd		BoundColumn	UserName
	Caption	添加用户	Label	Name	lbUserType

由表 4.11 可以看出，Label 控件 lbUserName（用户名）与 ADO Data 控件 adoUser 绑定，但控件 lbUserType（用户类型）没有绑定数据控件，而且 Users 表也只包含了两个字段，即用户名与密码，所以用户类型是根据用户名是否为 admin 来设置，在 frmUserM 窗体载入时由以下代码进行初始化：

```
Private Sub Form_Load()
    If strUserName = "admin" Then
        lbUserType = "系统管理员"
    Else
        lbUserType = "普通用户"
    End If
End Sub
```

（1）查看用户信息。

要查询用户信息，可以在 DataList 控件 lstUserName 中选择某一用户，则窗体右侧数据区显示该用户的信息，其代码如下：

```
Private Sub lstUserName_Click()
    '如果没有选择用户名，则返回
    If Trim(lstUserName.Text) = "" Then
        Exit Sub
    End If
    '设置用户名
    lbUserName = Trim(lstUserName.BoundText)
    '设置用户类型
    If lbUserName = "admin" Then
        lbUserType = "系统管理员"
    Else
        lbUserType = "普通用户"
    End If
End Sub
```

（2）添加修改用户。

添加与修改用户使用同一窗体 frmUserEdit 实现，也由全局变量 AddEdit 控制，当 AddEdit=True 时，添加用户；否则修改用户信息。当用户在 frmUserM 窗体中单击"添加用户"按钮时，执行以下代码：

```
Private Sub cmdAdd_Click()
    AddEdit = True
    frmUserEdit.Show 1
End Sub
```

当用户单击"修改信息"按钮时，执行以下代码：

```
Private Sub cmdEdit_Click()
    AddEdit = False
    If lstUserName.BoundText = "" Then
        MsgBox "请选择要删除的用户", , "修改用户"
        Exit Sub
    End If
    If lstUserName.BoundText = "admin" Then
        frmUserEdit.txtUserName.Enabled = False
        frmUserEdit.txtUserName.BackColor = &H8000000F
    Else
        frmUserEdit.txtUserName.Enabled = True
        frmUserEdit.txtUserName.BackColor = &H80000009
```

End If

　　frmUserEdit.Show 1

　　End Sub

在 cmdEdit_Click 事件代码中，如果选定要修改的用户名为 admin 时，只能修改其密码，通过将 frmUserEdit.txtUserName.Enabled 设置为 False 来实现。frmUserEdit 窗体的布局如图 4.18 所示。

frmUserEdit 窗体控件及属性值设置如表4.12所示。

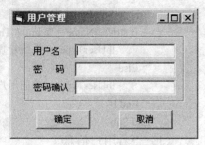

图 4.18　frmUserEdit 窗体布局

表 4.12　frmUserEdit 窗体的控件及属性值设置

控件名称	属性	属性值	控件名称	属性	属性值
Form	Name	frmUserEdit	TextBox	Name	txtPwd
	Caption	用户管理	TextBox	Name	txtPwdOk
	MDIChild	False	CommandButton	Name	cmdOk
Adodc	Name	adoUser		Caption	确认
	CommandType	1-adCmdText	CommandButton	Name	cmdCancel
	RecordSource	SELECT * FROM Users		Caption	取消
TextBox	Name	txtUserName			

当 frmUserEdit 窗体载入时，触发 Form_Load 事件，执行以下代码：

```
Private Sub Form_Load()
    ' 如果是普通用户，则不能修改用户名，只能修改密码
    If Not AddEdit Then
        If strUserName <> "admin" Then
            txtUserName.Text = strUserName
            txtUserName.BackColor = &H8000000F
            txtUserName.Enabled = False
        Else
            txtUserName.Text = frmUserM.lstUserName.BoundText
        End If
        adoUser.RecordSource = "SELECT * FROM Users WHERE UserName='" _
                & Trim(txtUserName) & "'"
        adoUser.Refresh
    End If
End Sub
```

如果当前用户是 admin，由于只有 admin 用户可以创建、修改、删除普通用户，所以 frmUserM 窗体中只有以 admin 用户名登录的用户才会打开，frmUserEdit 窗体总是由 frmUserM 窗体调用来添加新用户或修改任意普通用户的用户名与密码，frmUserEdit 窗体的用户名 txtUserName 来自于 frmUserM 窗体的 lstUserName.BoundText，即在 frmUserM 窗体的 lstUserName 列表框中选定的用户。若当前用户为普通用户，则直接通过 mfrmMain 窗体的 mnuUser 菜单控件调用 frmUserEdit 窗体，frmUserEdit 窗体的用户名 txtUserName 来自于登录用户名，即全局变量 strUserName。

mfrmMain 窗体的 mnuUser 菜单控件的 Click 事件代码如下：

```
Private Sub mnuUser_Click()
```

```
        If strUserName = "admin" Then
            frmUserM.Show
        Else
            frmUserEdit.Show 1
        End If
    End Sub
```

当用户单击 frmUserEdit 窗体的"确定"按钮时，触发 cmdOk_Click 事件，对添加的用户或修改的用户信息进行保存，其代码如下：

```
Private Sub cmdOk_Click()
    ' 判断输入的用户名和密码是否为空，进行数据有效性检查
    If Trim(txtUserName) = "" Then
        MsgBox "请输入用户名"
        txtUserName.SetFocus
        Exit Sub
    End If
    If Len(Trim(txtPwd)) < 6 Then
        MsgBox "密码长度不能小于 6"
        txtPwd.SetFocus
        '选定文本框中的文件，方便用户直接输入新的密码
        txtPwd.SelStart = 0
        txtPwd.SelLength = Len(txtPwd)
        Exit Sub
    End If
    '判断确认密码是否一致
    If txtPwdOk <> txtPwd Then
        MsgBox "密码和确认密码不相同，请重新输入"
        txtPwdOk.SetFocus
        txtPwdOk.SelStart = 0
        txtPwdOk.SelLength = Len(txtPwdOk)
        Exit Sub
    End If
    '判断用户名是否已经存在
    '如果是插入新的用户，则必须进行判断
    '如果是修改已有的用户，则当用户被修改时进行判断
    If AddEdit Then
        adoUser.Refresh
        adoUser.Recordset.Find "UserName ='" & txtUserName & "'"
        If Not adoUser.Recordset.EOF Then
            '判断用户是否存在
            MsgBox "用户名已存在，请重新输入"
            txtUserName.SetFocus
            txtUserName.SelStart = 0
            txtUserName.SelLength = Len(txtUserName)
            Exit Sub
        End If
        '若为添加用户，则插入新记录
        adoUser.Recordset.AddNew
    End If
    adoUser.Recordset.Fields("username") = Trim(txtUserName)
```

```
        adoUser.Recordset.Fields("password") = Trim(txtPwd)
        adoUser.Recordset.Update
        If strUserName = "admin" Then
            frmUserM.adoUser.Refresh
            frmUserM.adoUser.Recordset.Find "username='" & Trim(txtUserName) & "'"
            frmUserM.UpUser
        End If
        Unload Me
    End Sub
```

在 cmdOk_Click 事件代码中，首先检查用户名是否为空、密码的长度是否少于 6 位字符、确认密码与用户密码是否一致。当 AddEdit 为 True 并添加新用户时，还要检查输入的用户名是否已存在，若存在，要求重新输入用户名；然后当所有条件都满足时，用 adoUser 记录集的 Update 方法保存添加或修改的信息；最后，若当前用户为 admin，调用 frmUserM 窗体的 UpUser 过程，更新用户信息，其代码如下：

```
    Public Sub UpUser()
        lstUserName_Click
    End Sub
```

（3）删除用户。

当用户单击 frmUserM 窗体的"删除用户"按钮时，触发 cmdDel_Click 事件，执行以下代码：

```
    Private Sub cmdDel_Click()
        ' 系统用户不能删除
        If Trim(lstUserName.BoundText) = "admin" Then
            MsgBox "系统用户不能删除", , "删除用户"
            Exit Sub
        End If
        ' 检查是否选择要删除的用户记录
        If Trim(lstUserName.BoundText) = "" Then
            MsgBox "请选择要删除的用户"
            Exit Sub
        End If
        ' 确定是否删除
        If MsgBox("用户名称:"+lstUserName.Text + Chr(13),vbYesNo,"是否删除") _
            = vbNo Then
            Exit Sub
        End If
        '调用 Delete 方法删除选择的用户信息
        adoUser.RecordSource = "SELECT * FROM Users WHERE UserName='" _
                            & lstUserName & "'"
        adoUser.Refresh
        adoUser.Recordset.Delete
        adoUser.RecordSource = " SELECT * FROM Users"
        adoUser.Refresh
    End Sub
```

在该代码中，首先检查选择要删除的用户是否为 admin，若是则显示信息不能删除；再检查是否选择了用户，若没有则不能删除；然后让用户确定是否删除选择的用户，若是则调用 Delete 方法实施删除操作。

案例5 企业库存信息管理系统

5.1 系统需求分析

库存信息涉及的数据信息非常丰富，包括产品、客户、用户、仓库等数据信息，同时对这些数据进行的操作也很复杂，如产品出入库操作、盘点操作、为了保障生产进行的警示操作等。另外为了系统安全还应进行用户的管理。因此，根据需求分析，本系统需实现以下功能：

（1）系统管理。系统管理的功能是在该系统运行结束后，用户通过选择"系统管理"→"退出"命令正常退出系统，回到 Windows 环境。

（2）基本信息管理。系统基本信息包括客户、用户、仓库等，系统应实现这些数据的录入、修改、删除等管理。

（3）产品信息管理。由于产品名目繁杂，应将其按类目来进行管理，系统需实现产品类目与产品信息的录入、修改、删除。

（4）库存管理。产品涉及入库与出库操作，这是本系统的重要操作之一，系统应实现入库、出库与盘点操作。

（5）库存警示管理。当产品在库存中出现短线或超储时，系统应作出警示，使管理人员及时反应以保障生产。

（6）查询统计功能。查询统计是信息管理的重要功能之一，系统应该以对库存产品进行各种类型的统计和查询，从而使用户能够全面地了解库存状况。

5.2 系统设计

系统设计包括系统功能设计和数据库设计两部分。

5.2.1 系统功能设计

本实例所描述的企业库存管理系统包括以下几主要功能。

1. 基本信息管理功能

企业库存的基本信息包括客户信息、仓库信息和用户信息三个部分。客户可以分为供应商和购货商两种类型，在产品入库时，需要提供供应商的信息；在产品出库和退货时，需要提供购货商的信息。仓库信息包括仓库编号、仓库名称和仓库说明等信息。用户信息包括用户名、密码、员工姓名等信息。

基本信息管理模块可以实现的功能有：客户、仓库、用户信息的录入、修改和删除。

2. 产品信息管理功能

系统需要对库存产品进行分类管理，用户可以创建和编辑产品类目，本系统中采用二级产品类目。一级类目描述产品所属的大致类别，如医药类、化学品类、电子类、机械类等；

二级类目则在一级类目的基础上，对产品进行细致地划分，如化学品类又可以划分为药剂类、试剂类、燃料类、涂料类等。产品可以是用于生产的元器件、化学药品，也可以是工业机械产品等。

产品信息管理模块可以实现以下功能：

（1）产品类目的录入、修改、删除。产品类目信息包括产品类目编号、类目名称和类目级别等。

（2）产品信息的录入、修改、删除。产品信息包括产品编号、所属类目、产品名称、产品规格等。

（3）产品信息的查询。

3. 产品库存操作管理功能

产品库存操作由仓库管理员执行，就是把产品放入仓库或把产品从仓库中取出的操作，用专业术语来描述就是入库和出库。

库存操作管理模块可以实现以下功能：

（1）产品入库管理。

入库可以分为采购入库、生产入库、退货入库、退料入库等情况。采购入库指将从供应商处采购的产品入库；生产入库指将企业自己生产的产品入库；退货入库指售出的产品退货后，将退货产品入库；退料入库指用于本企业生产的原材料出库后没有完全使用，退回仓库。

入库操作需要记录相关的产品信息、仓库信息、客户信息、经办人、涉及金额和入库时间等信息。若入库记录的产品编号、产品价格、生产日期、仓库编号都相同，则表明为同一产品多次入库，可以在库存表 ProInStore 中合并数量，但在入库表 StoreIn 中使用不同记录，因为其入库时间和经办人可以是不同的。

（2）产品出库管理。

出库可以分为销售出库、退货出库、用料出库等情况。销售出库指将卖给购货商的产品出库；退货出库指将本企业采购的原材料从仓库提出退货；用料出库指将本企业用于生产的原材料从仓库中提出到生产线。出库操作需要记录相关的产品信息、仓库信息、客户信息、经办人、涉及金额和出库时间等信息。

（3）库存盘点管理。库存盘点是指对库存产品进行整理，纠正不准确的库存数据。由于人为操作等原因，系统中的库存数据与实际数据之间可能会存在误差，所以每隔一段时间就要对库存进行盘点，从而保证库存数据的正确性。

4. 库存警示管理功能

库存警示是指对库存中接近或超过临界值的产品进行报警。产品信息中包含产品的合理数量范围和有效期限。产品数量小于合理数量的下限称为短线；产品数量大于合理数量的上限称为超储。产品出现短线、超储、接近或超过有效期限时都需要报警。

库存警示管理模块可以实现的功能：库存产品数量报警和库存产品失效报警。

5. 统计查询管理功能

统计查询管理模块可以对库存产品进行各种类型的统计和查询，从而使用户能够全面地了解库存状况。

库存维护管理模块可以实现的功能：产品出入库统计报表和库存产品流水线统计报表。

5.2.2 功能模块划分

从功能描述的内容可以看到，系统可以实现 5 个完整的功能。根据这些功能设计出的系统功能模块如图 5.1 所示。

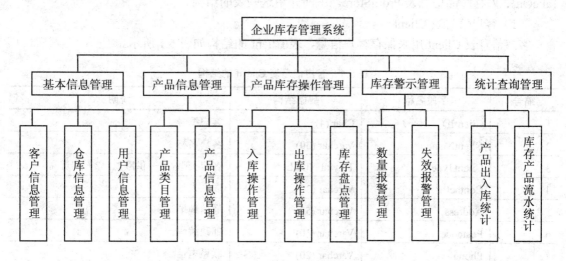

图 5.1 企业库存管理系统功能模块图

在图 5.1 的树状结构中，每个底层结点都是一个最小的功能模块。其中基本信息管理、产品信息管理等下属模块需要针对不同的表完成相同的数据库操作，即添加记录、修改记录、删除记录以及查询显示记录信息；库存操作和库存警示等模块需要对多个表进行操作；统计查询管理模块通过视图操作数据表。

5.2.3 数据库设计

在完成了企业库存管理系统的功能模块划分后，对系统结构有了整体、全面的认识。本节将介绍系统的数据库表结构和创建表的脚本信息。

1. 创建数据库

在设计数据库表结构之前，首先要创建一个数据库。本系统使用的数据库名为 Stocks。用户可以在企业管理器中创建数据库，也可以在查询分析器中执行以下 Transact-SQL 语句创建。

```
CREATE DATABASE Stocks
ON
(NAME = N'Stocks_Data',
FILENAME = N'C:\Program Files\Microsoft SQL Server\MSSQL\Data\Stocks_Data.MDF' ,
SIZE = 10,
FILEGROWTH = 10%)
LOG ON
(NAME = N'Stocks_Log',
FILENAME = N'C:\Program Files\Microsoft SQL Server\MSSQL\Data\Stocks_log.LDF' ,
FILEGROWTH = 10%)
GO
```

以上 Transact-SQL 语句保存在 Stocks.sql 文档中。

2. 数据库逻辑结构设计

Stocks 数据库包含以下八个表：客户信息表 Client、仓库信息表 Storehouse、用户信息表 Users、产品类目表 ProType、产品信息表 Product、入库操作信息表 StoreIn、出库操作信息表 TakeOut、库存产品信息表 ProInStore。下面介绍这些表的结构。

（1）客户信息表 Client。

客户信息表 Client 用来保存客户信息，表 Client 的结构如表 5.1 所示。

表 5.1　客户信息表 Client 的结构

编号	字段名称	数据结构	说明
1	ClientID	Char (4)	客户编号
2	ClientName	Varchar (30)	客户名称
3	ClientType	Tinyint NULL	客户类型，1—供应商，2—购货商
4	Contact	Varchar (30)	联系人
5	Address	Varchar (50)	通信地址
6	Postcode	Varchar (10)	邮政编码
7	Phone	Varchar (20)	联系电话
8	Fax	Varchar (20)	传真电话
9	ClientDescribe	Varchar (100)	客户描述

（2）仓库信息表 Storehouse。

仓库信息表 Storehouse 用来保存仓库信息，表 Storehouse 的结构如表 5.2 所示。

表 5.2　仓库信息表 Storehouse 的结构

编号	字段名称	数据结构	说明
1	StoreID	Char (4)	仓库编号
2	StoreName	Varchar (50)	仓库名称
3	StoreDescribe	Varchar (100)	仓库说明

（3）用户信息表 Users。

用户信息表 Users 用来保存用户信息，表 Users 的结构如表 5.3 所示。

表 5.3　用户信息表 Users 的结构

编号	字段名称	数据结构	说明
1	UserName	Varchar (30)	用户名
2	Pwd	Varchar (10)	密码
3	EmpName	Varchar (50)	员工姓名

（4）产品类目表 ProType。

产品类目表 ProType 用来保存产品类目信息，表 ProType 的结构如表 5.4 所示。

表 5.4 产品类目表 ProType 的结构

编号	字段名称	数据结构	说明
1	ProTypeID	Char (4)	产品类目编号
2	ProTypeName	Varchar (50)	产品类目名称
3	UpperID	Char (4)	上级产品类目（如果 UpperId＝0，则表示此产品类目为一级类目）

（5）产品信息表 Product。

产品信息表 Product 用来保存产品的基本信息，表 Product 的结构如表 5.5 所示。

表 5.5 产品信息表 Product 的结构

编号	字段名称	数据结构	说明
1	ProID	Char (4)	产品编号
2	ProName	Varchar (50)	产品名称
3	ProTypeID	Char (4)	产品类型编号
4	ProStyle	Varchar (50)	产品规格
5	ProUnit	Varchar (10)	计量单位
6	ProPrice	Decimal (15, 2)	参考价格
7	ProLow	Int	产品数量下限
8	ProHigh	Int	产品数量上限
9	ProValid	Int	有效期（以天为单位）
10	AlarmDays	Int	在到达有效期的前几天发出警告

（6）入库操作信息表 StoreIn。

入库操作信息表 StoreIn 用来保存入库操作的基本信息，表 StoreIn 的结构如表 5.6 所示。

表 5.6 入库操作信息表 StoreIn 的结构

编号	字段名称	数据结构	说明
1	StoreInID	Char (4)	入库编号
2	StoreInType	Varchar (20)	入库操作类型，包括采购入库、生产入库、退货入库、退料入库等
3	ProID	Char (4)	入库产品编号
4	CreateDate	Datetime	生产日期
5	ProPrice	Decimal (15, 2)	入库产品单价
6	ProNum	Int	入库产品数量
7	ClientID	Char (4)	客户编号。如果入库操作类型为采购入库，则客户为供应商；如果入库操作类型为退货入库，则客户为购货商；其他情况没有客户
8	StoreID	Char (4)	仓库编号
9	EmpName	Varchar (30)	经办人
10	OptDate	Datetime	入库日期

（7）出库操作信息表 TakeOut。

出库操作信息表 TakeOut 用来保存出库操作的基本信息，表 TakeOut 的结构如表 5.7 所示。

表 5.7　出库操作信息表 TakeOut 的结构

编号	字段名称	数据结构	说明
1	TakeOutID	Char (4)	出库编号
2	TakeOutType	Varchar (20)	出库操作类型，包括销售出库、退货出库、用料出库等
3	ProID	Char (4)	出库产品编号
4	ProPrice	Decimal (15, 2)	出库产品单价
5	ProNum	Int	出库产品数量
6	ClientID	Char (4)	客户编号。如果出库操作类型为销售出库，则客户为购货商；如果出库操作类型为退货出库，则客户为供应商；用料出库没有客户
7	StoreID	Char (4)	仓库编号
8	EmpName	Varchar (30)	经办人
9	OptDate	Datetime	出库日期

（8）库存产品信息表 ProInStore。

库存产品信息表 ProInStore 用来保存库存产品的基本信息，表 ProInStore 的结构如表 5.8 所示。

表 5.8　库存产品信息表 ProInStore 的结构

编号	字段名称	数据结构	说明
1	StoreProID	Char (4)	产品存储编号
2	ProID	Char (4)	产品编号
3	ProPrice	Decimal (15, 2)	产品入库单价
4	ProNum	Int	产品数量
5	ClientID	Char (4)	客户编号。如果入库操作类型为采购入库，则客户为供应商；如果入库操作类型为退货入库，则客户为购货商；其他情况没有客户
6	CreateDate	Datetime	生产日期
7	StoreID	Char (4)	仓库编号

提示：在设计表结构时，使用最多的是文本类型的数据。绝大多数情况下，建议使用 Varchar 数据类型，因为采用 Varchar 数据类型的字段会按照文本的实际长度动态定义存储空间，从而节省存储空间。当然，对于固定长度的文本，采用 Char 数据类型会适当地提高效率。例如，编号字段 StoreProID 和 ProID 固定有 4 个字符，所以使用 Char(4)。

用户可以在企业管理器中手动创建这些表，但这是非常麻烦的工作。为了使读者能够非常方便地创建表，本书提供了创建表的脚本文件，它们保存在 Chp7\Db 目录中，其扩展名为.sql。

5.3　设计工程框架

在完成了系统设计后，就可以创建系统工程并设计工程的框架。

5.3.1　创建工程

首先创建工程存储的目录，如 StocksM。运行 Visual Basic 并选择新建"标准 EXE"工程。选择"工程"→"属性"命令，在"工程属性"对话框中将工程名称设置为 StocksMng。单击"保存"按钮，将工程存储为 StocksMng.vbp，将 Form1 窗体保存为 frmMain.frm。

5.3.2　添加模块

系统将工程中使用的常量、全局变量和函数等对象在模块 VarM.bas 中进行管理。模块部分代码如下：

```
Public ServerName As String            ' 服务器名称
Public OriEmpName As String            ' 当前登录用户的员工名称
Public Arr_ProType() As String          ' 动态数组，存储产品类目，用于 frmProTypeMng 窗体
```

在许多表中，除了主键外，还存在其他不允许有重复值的字段。为了维护数据库结构的完整性，在添加或修改数据时，往往需要进行数据库完整性的判断。如用户表 Users 中不允许有相同的用户名存在；表 Clients 中的 ClientName 字段，系统中不允许存在同名的客户单位。在插入或修改记录时，如果当前值已经在表中，则禁止当前的操作。InDB 和 In_PSDB 函数就是一个这样的判断函数，如果指定的数据已经存在，则返回 True；否则返回 False。

```
' In_DB 函数用于确定 rName 是否已存在于数据库中，在则返回 True，不在则返回 False
' fName 为要查询的字段名，rName 为查询的字段值，tName 为查询的表名
Public Function In_DB(fName As String, rName As String, adodc1 As Adodc, _
        tName As String) As Boolean
    adodc1.RecordSource = "SELECT * FROM " & tName
    adodc1.Refresh
    adodc1.Recordset.Find fName & " = '" & rName & "'"
    If adodc1.Recordset.EOF Then
      In_DB = False                         ' False--不在表中
    Else
      In_DB = True                          ' True--在表中
    End If
End Function
' In_PSDB 函数用于判断指定的产品库存信息是否已经在数据库中
' 参数 TmpProID 表示产品编号，TmpProPrice 表示产品价格
' TmpCreateDate 表示生产日期，TmpStoreID 表示仓库名称
' 若找到，返回该库存记录编号，否则返回空
Public Function In_PSDB(ByVal TmpProID As String, TmpProPrice As String, _
        TmpCreateDate As Date, ByVal TmpStoreID As String, adodc1 As Adodc) As String
    adodc1.RecordSource = "SELECT * FROM ProInStore WHERE ProID='" & TmpProID _
        & "' and ProPrice='" & TmpProPrice & "' and   CreateDate='" & TmpCreateDate _
        & "' and StoreID='" & TmpStoreID & "'"
```

```
          adodc1.Refresh
          If adodc1.Recordset.EOF Then
             In_PSDB = ""                               ' 设为空，不在表中
          Else
             In_PSDB = adodc1.Recordset.Fields(0)        ' 设为库存编号，在表中
          End If
      End Function
```

　　在程序设计中，应该时刻注意维护数据的完整性，不符合规则的数据（如同名的客户单位）会影响系统的正常运行，也容易造成用户的混淆。

　　GetNewID 函数的功能是生成新的记录编号，在添加记录时使用（如添加用户信息、入库信息等）。生成新编号的算法是：把读取的编号与自然数序列比较，如果编号是不连续的，则用新编号来填充；如果编号是连续的，则用最大的编号加 1 作为新编号。

```
      Public Function GetNewID(adodc1 As Adodc, strSql As String) As String
          Dim TmpID As String, TmpIDLen As Integer
          ' 连接数据库，设置要执行的数据源，获取所有入库编号
          adodc1.RecordSource = strSql
          adodc1.Refresh
          i = 1
          TmpIDLen = adodc1.Recordset.Fields(0).DefinedSize
          Do While Not adodc1.Recordset.EOF
             TmpID = adodc1.Recordset.Fields(0)       ' 读取记录集
             ' 以下 If 语句将读取的编号与自然数序列比较
             If Val(TmpID) = i Then
              i = i + 1
             Else
                ' 如果编号是不连续的，则用新编号来填充
                GoTo ExitFunc
                GetNewID = String(TmpIDLen - Len(Str(i)), "0") + Str(i)
                Exit Function
             End If
             adodc1.Recordset.MoveNext
          Loop
          ' 如果编号是连续的，则取最大 i 值作为新编号
      ExitFunc:
          GetNewID = String(TmpIDLen - Len(Trim(Str(i))), "0") + Trim(Str(i))
      End Function
```

　　Load_by_Upper 过程根据指定的产品类目编号，读取下一级产品类目名称，字段 UpperID 表示 ProType 表中上级产品类目编号，参数 upType 为上级类目编号，为窗体 frmProTypeMng 和 frmProMng 所调用。

```
      Public Sub Load_by_Upper(upType As String, adodc1 As Adodc)
          adodc1.RecordSource = "SELECT * FROM ProType WHERE UpperID='" & upType & "'"
          adodc1.Refresh
          ReDim Arr_ProType(adodc1.Recordset.RecordCount)
          Do While Not adodc1.Recordset.EOF
             Arr_ProType(i) = adodc1.Recordset.Fields("ProTypeName")
             i = i + 1
```

```
        adodc1.Recordset.MoveNext
    Loop
    End Sub
```

在数据库程序设计过程中，经常需要将满足一定条件的数据读取到一些数组中，因为很难确定数据量的大小，所以通常会使用动态数组，如 Load_by_Upper 过程中的 Arr_ProType 数组。在定义动态数组时，不需要指定数组的上界。使用 Erase 命令可以释放动态数组的存储空间，ReDim 命令则可以重新分配动态数组的存储空间。如果使用 Perserve 参数，则在重新分配存储空间时保持数组中原来的数据。

```
        ' GetTypeID 函数是通过类目名称获取该类目的类目编号，作为填充 List2 的上级类目编号
        ' 为 frmProTypeMng、frmProMng 窗体所调用
        Public Function GetTypeID(oTypeName As String, adodc1 As Adodc) As String
            adodc1.RecordSource = "SELECT * FROM ProType WHERE ProTypeName='" & oTypeName & "'"
            adodc1.Refresh
            GetTypeId = adodc1.Recordset.Fields("ProTypeID")
        End Function
```

Load_Type1 过程的功能是将所有一级类目的名称读取并显示在左侧的组合框或列表框中，参数 CtlName 为 Control 类型，即为所有 Visual Basic 内部控件的类名。

```
        Public Sub Load_Type1(CtlName As Control, adodc1 As Adodc)
            CtlName.Clear                      ' 清空显示一级类目的列表框
            Load_by_Upper "0000", adodc1       ' 读取一级类目的名称，"0000"表示要读取一级类目
            ' 把一级类目的名称添加到列表框中
            i = 0
            ' Arr_ProType 为产品类目数组，在模块 VarM.bas 中定义
            ' 由 Load_by_Upper()将产品下级类目读到 Arr_ProType 数组中
            Do While i < UBound(Arr_ProType)
                CtlName.AddItem Arr_ProType(i)
                i = i + 1
            Loop
        End Sub
```

Load_Type2 过程的内容与 Load_Type1 过程相似，功能是：根据当前的一级类目，将其下属的所有二级类目名称读取到列表框中。

```
        Public Sub Load_Type2(upType As String, CtlName As Control, adodc1 As Adodc)
            CtlName.Clear                      ' 清空显示二级类目的列表框
            Load_by_Upper upType, adodc1       ' 读取 upType 类目的二级类目名称
            ' 把二级类目的名称添加到列表框 List2 中
            i = 0
            Do While i < UBound(Arr_ProType)
                CtlName.AddItem Arr_ProType(i)
                i = i + 1
            Loop
            If CtlName.ListCount > 0 Then
                CtlName.ListIndex = 0          ' 该语句可以触发 List2 的 Click 事件
            End If
        End Sub
        ' FillCbo 过程用于将数据表的某属性值填充组合框的列表项，为 frmStrInEdit 窗体使用
        ' 参数 strSql 为 SQL 查询字符串
```

```
Public Sub FillCbo(adodc1 As Adodc, strSql As String, combo1 As ComboBox)
    adodc1.RecordSource = strSql
    adodc1.Refresh
    Do While Not adodc1.Recordset.EOF
        combo1.AddItem adodc1.Recordset.Fields(0)
        adodc1.Recordset.MoveNext
    Loop
End Sub
```

5.4   系统功能模块实现

在 Visual Basic 工程中，系统的界面和主要功能都是通过窗体来实现的，所以最后的工作就是根据系统功能划分来创建窗体、设置窗体的属性、编辑窗体中的代码。

5.4.1   系统主界面设计

系统主窗体采用菜单方式设计，通过菜单实现各功能模块的调用。主窗体命名为 frmMain，设计界面如图 5.2 所示。

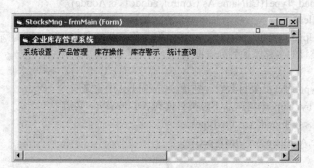

图 5.2   系统主窗体 frmMain 设计界面

在 frmMain 窗体上设计一个菜单，该菜单的结构如图 5.3 所示。

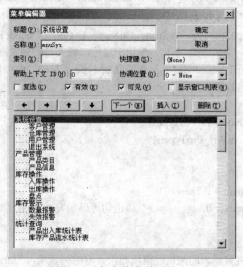

图 5.3   主窗体菜单设计

frmMain 窗体中包含的主要控件及其属性值设置如表 5.9 所示。

表 5.9 frmMain 窗体控件及属性值设置

控件名称	属性	属性值	控件名称	属性	属性值
Form	Name	frmMain	Menu	Name	mnuOperate
	Caption	企业库存管理系统		Caption	库存操作
	StartUpPosition	2-屏幕中心	Menu	Name	mnu_In
	MaxButton	False		Caption	....入库操作
Menu	Name	mnuSys	Menu	Name	mnu_Out
	Caption	系统设置		Caption	....出库操作
Menu	Name	mnu_Client	Menu	Name	mnu_Check
	Caption	....客户管理		Caption	....盘点
Menu	Name	mnu_Stocks	Menu	Name	mnuAlarm
	Caption	....仓库管理		Caption	库存警示
Menu	Name	mnu_Users	Menu	Name	mnu_Num
	Caption	....用户管理		Caption	....数量报警
Menu	Name	mnu_Exit	Menu	Name	mnu_InValid
	Caption	....退出系统		Caption	....失效报警
Menu	Name	mnuProduct	Menu	Name	mnuStatic
	Caption	产品管理		Caption	统计查询
Menu	Name	mnu_ProType	Menu	Name	mnu_Report1
	Caption	....产品类目		Caption	....产品出入库统计表
Menu	Name	mnu_ProInfo	Menu	Name	mnu_Reprot2
	Caption	....产品信息		Caption	....库存产品流水统计表

因为系统的其他功能还没有实现，所以只能添加退出系统的代码。其他的代码将在相应的功能实现后再添加到窗体中。

当用户单击"退出"按钮时，将执行 mnu_Exit_Click 事件，退出系统，代码如下：

```
Private Sub mnu_Exit_Click()
    End
End Sub
```

5.4.2 登录模块设计

用户要使用本系统，首先要通过系统的身份认证。登录过程需要完成根据用户名和密码来判断是否可以进入系统。

1. 设计登录窗体

创建一个新窗体，设置窗体名为 frmLogin。登录窗体的布局如图 5.4 所示。本系统的登录窗体与学生档案管理系统的登录窗体非常相似，读者可以参照教材中学生档案管理系统的登录窗体来设置窗体 frmLogin 的属性。

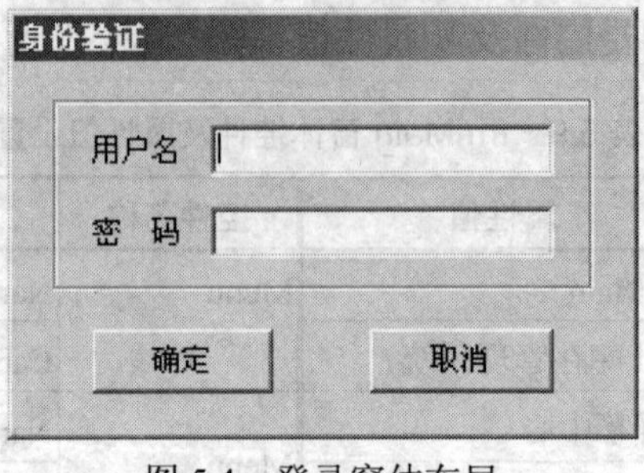

图 5.4　登录窗体布局

在登录窗口中应取消控制按钮（即将 frmLogin 窗体的 ControlBox 属性设置为 False），使用户只能通过单击"确定"或"取消"按钮来关闭登录窗口。

当用户成功登录时，使用模块级公用变量 OriEmpName 存储当前登录用户的员工名称，该名称将为入库、出库、库存等操作提供经办人名称。

frmLogin 窗体代码参照教材的案例 1.3.1 小节的内容分析理解设计。

5.4.3　客户管理模块设计

客户管理模块可以实现的功能：添加、修改、删除、查看客户信息。

1．设计客户信息编辑窗体

客户信息编辑的窗体可以用来添加和修改客户信息。创建一个新窗体，命名为 frmCltEdit，窗体布局如图 5.5 所示。

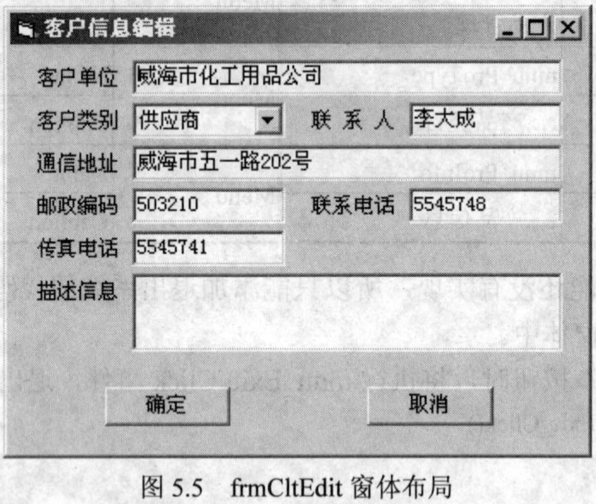

图 5.5　frmCltEdit 窗体布局

窗体 frmCltEdit 包含的控件及其属性值如表 5.10 所示。

表 5.10　frmCltEdit 窗体控件及属性值设置

控件名称	属性	属性值	控件名称	属性	属性值
Form	Name	frmCltEdit	TextBox	Name	txtPhone
	Caption	客户信息编辑	TextBox	Name	txtFax
Adodc	Name	adoClient	TextBox	Name	txtDescribe
	CommandType	1-adCmdText	ComboBox	Name	CboType
	RecordSource	Select * From Clients		Style	2-DropDown List

续表

控件名称	属性	属性值	控件名称	属性	属性值
TextBox	Name	txtOrg	CommandButton	Name	cmdOk
TextBox	Name	txtContact		Caption	确定
TextBox	Name	txtAddr	CommandButton	Name	cmdCancel
TextBox	Name	txtCode		Caption	取消

Adodc 控件 adoClient 的 ConnectionString 属性的设置值为：

　　Provider=SQLOLEDB.1;Integrated Security=SSPI;Persist Security Info=False;Initial Catalog=Stocks

如果没有特别说明，本章以后内容的 Adodc 控件的连接字符串都使用该值，与数据库 Stocks 建立连接。

下面分析窗体 frmCltEdit 中部分过程的代码。

（1）公共变量。

窗体 frmCltEdit 中有三个公共变量，定义在 frmCltEdit 窗体的通用声明区。

```
' 以下 3 个变量值都由 frmCltmng 窗体传递
Public rEdit As Boolean          ' 记录状态，True-添加记录，False-编辑记录
Public OriID As String           ' 当前客户编号
Public OriName As String         ' 当前客户名称
Dim NewID As String              ' 用于添加记录，自动产生一个客户编号
```

变量 rEdit 用来标记当前数据库的访问状态。当 rEdit=False 时，表示修改已有的数据；当 rEdit＝True 时，表示插入新的数据。其他窗体使用该变量时，与此含义相同，将不再另作说明。变量 OriID 表示当前编辑的客户编号；变量 OriName 表示当前编辑的客户名称；变量 NewID 用于保存函数产生的客户编号。

（2）cmdOk_Click 事件过程。

当用户单击"确定"按钮时，将触发 cmdOk_Click 事件，将数据保存到 Clients 表中，其代码如下：

```
Private Sub cmdOk_Click()
   Dim sSql As String
   ' 检查录入数据的有效性
   If Trim(txtOrg) = "" Then
      MsgBox "请输入客户单位", , "客户管理"
      txtOrg.SetFocus
      Exit Sub
   End If
   ' 判断客户名称是否已存在，adoClient.RecordSource 在控件设置时已选择所有记录
   If rEdit Or OriName <> Trim(txtOrg) Then
      If In_DB("ClientName", txtOrg, adoClient, "Clients") Then
         MsgBox "客户单位已经存在,请重新输入", , "客户管理"
         txtOrg.SetFocus
         txtOrg.SelStart = 0
         txtOrg.SelLength = Len(txtOrg)
         Exit Sub
      End If
   End If
```

```
                ' 把用户录入的数据赋值给数据记录
                If rEdit Then
                    sSql = "SELECT ClientID FROM Clients ORDER BY ClientID"
                    NewID = GetNewID(adoClient, sSql)
                    adoClient.RecordSource = "SELECT * FROM Clients"
                    adoClient.Refresh
                    adoClient.Recordset.AddNew              ' 若为添加记录，则增加一条空记录
                    adoClient.Recordset.Fields("ClientID") = NewID
                Else
                    ' 若修改，则查找出该记录
                    adoClient.RecordSource = "SELECT * FROM Clients WHERE ClientID='" & OriId & "'"
                    adoClient.Refresh
                End If
                With adoClient.Recordset
                    .Fields("ClientName") = Trim(txtOrg)
                    .Fields("ClientType") = cboType.ListIndex + 1
                    .Fields("Contact") = Trim(txtContact)
                    .Fields("Address") = Trim(txtAddr)
                    .Fields("Postcode") = Trim(txtCode)
                    .Fields("Phone") = Trim(txtPhone)
                    .Fields("Fax") = Trim(txtFax)
                    .Fields("ClientDescribe") = Trim(txtDescribe)
                    ' 以下 If 语句根据变量 rEdit 决定是插入新记录，还是修改记录
                    If rEdit Then
                        .MoveLast
                    Else
                        .Update
                    End If
                End With
                Unload Me
            End Sub
```

当用户添加记录时，客户编号 ClientID 字段由函数 GetNewID 产生，该函数定义在模块 VarM.bas 中。

ADO Data 控件 adoClient 具有两个作用：一是用于生成 Clients 表的编号；二是用于添加或修改记录。所以在进行这两项操作之前，都对 adoClient.RecordSource 属性重新进行了设置。

（3）cmdCancel_Click 事件过程。

当用户单击"取消"按钮时，将触发 cmdCancel_Click 事件，其代码如下：

```
            Private Sub cmdCancel_Click( )
                txtOrg = ""
                txtContact = ""
                txtAddr = ""
                txtCode = ""
                txtPhone = ""
                txtFax = ""
                txtDescribe = ""
                adoClient.Recordset.CancelUpdate
            End Sub
```

该事件过程的作用是：当用户输入出错时，消除已输入的数据。

2. 设计客户信息管理窗体

创建一个新窗体，将窗体名称设置为 frmCltMng，参照表 5.11 添加控件并设置控件的属性。

表 5.11　frmCltMng 窗体控件及属性值设置

控件名称	属性	属性值	控件名称	属性	属性值
Form	Name	frmCltMng	ComboBox	Name	CboType
	Caption	客户信息管理		Style	2-DropDown List
Adodc	Name	adoClient		List	供应商 购货商
	CommandType	1-adCmdText			
	RecordSource	SELECT * FROM Clients WHERE ClientID="	CommandButton	Name	cmdNew
				Caption	添加
Adodc	Name	adoQry	CommandButton	Name	cmdMdf
	CommandType	1-adCmdText		Caption	修改
	RecordSource	SELECT * FROM Clients	CommandButton	Name	cmdDel
DataGrid	Name	DataGrid1		Caption	删除
	DataSource	adoClient	CommandButton	Name	cmdBack
				Caption	返回

frmCltMng 窗体布局如图 5.6 所示，它使用 DataGrid 控件显示数据，这是一种常用的方法，其特点是简单直观、一目了然。DataGrid 控件的数据源由 ADO Data 控件提供。

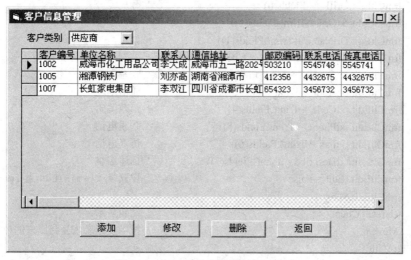

图 5.6　frmCltMng 窗体的运行界面

下面分析窗体 frmCltMng 中几个过程的代码。

（1）Refresh_Client 过程。

Refresh_Client 过程的功能是为 adoClient 控件（用于查询客户信息表 Clients）设置数据源，从而决定在 DataGrid1 控件中显示的数据内容，对应的代码如下：

```
Sub Refresh_Client()
    adoClient.RecordSource = "SELECT ClientID AS  客户编号,ClientName AS  单位名称," _
        & "Contact AS  联系人,Address AS  通信地址, Postcode AS  邮政编码," _
        & "Phone As  联系电话, Fax As  传真电话, ClientDescribe As  描述信息" _
        & " From Clients WHERE ClientType='" & Trim(Str(CboType.ListIndex + 1)) & "'"
    adoClient.Refresh
End Sub
```

Refresh_Client 过程将 adoClient 控件的记录集的字段名转换成了汉字，以便用户更好地了解客户信息的特征。

（2）Form_Load 事件过程。

当窗体 frmCltMng 启动时，将触发 Form_Load 事件，对应的代码如下：

```
Private Sub Form_Load()
    CboType.ListIndex = 0        ' 初始化客户类型
    Refresh_Client              ' 装入客户数据
End Sub
```

（3）cmdMdf_Click 事件过程。

当用户单击"修改"按钮时，将触发 cmdMdf_Click 事件，调用 frmCltEdit 窗体以修改客户信息，对应的代码如下：

```
Private Sub cmdMdf_Click()
    If adoClient.Recordset.EOF Then                  ' 判断是否已经选择了记录
        MsgBox "请选择记录", , "客户管理"
        Exit Sub
    End If
    With adoClient.Recordset
        p = .AbsolutePosition                        ' 变量 p 存放记录当前的位置
        frmCltEdit.OriID = .Fields(0)                ' 客户编号
        frmCltEdit.txtOrg = Trim(.Fields(1))         ' 客户单位
        frmCltEdit.OriName = Trim(.Fields(1))
        frmCltEdit.CboType.ListIndex = CboType.ListIndex ' 类别
        frmCltEdit.txtContact = Trim(.Fields(2))     ' 联系人
        frmCltEdit.txtAddr = Trim(.Fields(3))        ' 通信地址
        frmCltEdit.txtCode = Trim(.Fields(4))        ' 邮政编码
        frmCltEdit.txtPhone = Trim(.Fields(5))       ' 联系电话
        frmCltEdit.txtFax = Trim(.Fields(6))         ' 传真电话
        frmCltEdit.txtDescribe = Trim(.Fields(7))    ' 描述信息
        frmCltEdit.rEdit = False                     ' 设置修改标记，rEdit 为 True 时，添加记录
        frmCltEdit.Show 1
        Refresh_Client                               ' 刷新显示
        .Move p                                      ' 把当前记录恢复到原来的位置
    End With
End Sub
```

在显示 frmCltEdit 窗体前，先将要修改的记录集的字段值赋给 frmCltEdit 窗体的对应控件。这里 adoClient 控件记录集的字段值使用 Index 参数来读取。如 adoClient.Recordset. Fields(1)读取客户单位，是因为其记录集的字段名已由 Refresh_Client 过程转换为汉字名称，不能使用表 Clients 中的字段名了，如 adoClient.Recordset.Fields("ClientName")。

（4）cmdDel_Click 事件过程。

当用户单击"删除"按钮时，将触发 cmdDel_Click 事件，将删除 adoClient 控件记录集的当前记录，对应的代码如下：

```
Private Sub cmdDel_Click()
    Dim TmpID As String
    ' 以下 If 语句 判断是否已经选择了记录
    If adoClient.Recordset.BOF Then
        MsgBox "请选择记录", , "客户管理"
        Exit Sub
    End If
    p = adoClient.Recordset.AbsolutePosition          ' 记录当前的位置
    TmpID = adoClient.Recordset.Fields(0)             ' 读取当前记录的客户单位信息
    ' 以下 If 语句判断入库单中是否包含此客户的信息
    If In_DB("ClientID", TmpID, adoQry, "StoreIn") Then
        MsgBox "客户出现在入库单中,不能删除", , "客户管理"
        Exit Sub
    End If
    ' 以下 If 语句判断出库单中是否包含此客户的信息
    If In_DB("ClientID", TmpID, adoQry, "Takeout") Then
        MsgBox "客户出现在出库单中,不能删除", , "客户管理"
        Exit Sub
    End If
    ' 以下 If 语句判断库存产品信息中是否包含此客户的信息
    If In_DB("ClientID", TmpID, adoQry, "ProInStore") Then
        MsgBox "客户出现在库存产品信息中,不能删除", , "客户管理"
        Exit Sub
    End If
    ' 以下 If 语句确认删除
    If MsgBox("是否删除当前行?", vbYesNo, "确认") = vbYes Then
        adoClient.Recordset.Delete
        MsgBox "删除成功", , "客户管理"
        Refresh_Client
        If p-1 > 0 Then
            adoClient.Recordset.Move p-1
        End If
    End If
End Sub
```

In_DB 函数用于判断用户输入的数据是否已存在于数据表中，定义在 VarM.bas 模块中。

5.4.4 仓库管理模块设计

仓库管理模块可以实现添加、修改、删除、查看仓库信息等功能。

1. 设计仓库信息编辑窗体

编辑仓库信息的窗体可以用来添加和修改仓库信息。创建一个新窗体，窗体名称设置为 frmStrEdit。窗体 frmStrEdit 的布局如图 5.7 所示。

图 5.7   frmStrEdit 窗体布局

frmStrEdit 窗体控件及属性值设置如表 5.12 所示。

表 5.12   frmStrEdit 窗体控件及属性值设置

控件名称	属性	属性值	控件名称	属性	属性值
Form	Name	frmStrEdit	TextBox	Name	txtDescribe
	Caption	仓库信息编辑		MultiLine	True
Adodc	Name	adoStore		ScrollBars	2-Vertical
	CommandType	1-adCmdText	CommandButton	Name	cmdOk
	RecordSource	SELECT * FROM Storehouse		Caption	确定
TextBox	Name	txtStore	CommandButton	Name	cmdCancel
				Caption	取消

下面分析窗体 frmStrEdit 中的过程代码。

（1）公共变量。

frmStrEdit 窗体中有三个公共变量：rEdit、OriID、OriName。变量 OriID 和 OriName 分别表示当前编辑的仓库编号与仓库名称，其值由 frmStrMng 窗体调用时传递。

```
Public rEdit As Boolean              ' 记录状态，True-添加记录，False-编辑记录
Public OriID As String               ' 当前仓库编号
Public OriName As String             ' 当前仓库名称
Dim NewID As String                  ' 用于添加记录，自动产生一个仓库编号
```

（2）cmdOk_Click 事件过程。

当用户单击"确定"按钮时，将触发 cmdOk_Click 事件，用于保存数据到 Storehouse 表中，对应的代码如下：

```
Private Sub cmdOk_Click()
    ' 以下 If 语句检查用户录入数据的有效性
    If Trim(txtStore) = "" Then
        MsgBox "请输入仓库名称", , "仓库管理"
        txtStore.SetFocus
        Exit Sub
    End If
    ' 以下 If 语句判断仓库名称是否已存在，adoStore.RecordSource 在控件设置时已选择所有记录
    If rEdit Or OriName <> Trim(txtStore) Then
        If In_DB("StoreName", txtStore, adoStore, "Storehouse") Then
            MsgBox "客户单位已经存在,请重新输入", , "客户管理"
            txtOrg.SetFocus
            txtOrg.SelStart = 0
```

```
            txtOrg.SelLength = Len(txtStore)
            Exit Sub
        End If
    End If
    ' 把用户录入的数据赋值给数据记录
    If rEdit Then
        ' 若添加新记录，则用 CreateID 函数产生一个仓库编号，再用 AddNew 方法添加一个新记录
        NewID = CreateID("StoreID", "Storehouse", adoStore)
        adoStore.RecordSource = "SELECT * FROM Storehouse"
        adoStore.Refresh
        adoStore.Recordset.AddNew                ' 若为添加记录，则增加一条空记录
        adoStore.Recordset.Fields("StoreID") = NewID
    Else
        ' 若修改，则查找出该记录
        adoStore.RecordSource = "SELECT * FROM Storehouse WHERE StoreID='" & OriID & "'"
        adoStore.Refresh
    End If
    ' 把用户录入的数据赋值到 Adodc 记录集中
    With adoStore.Recordset
        .Fields("StoreName") = Trim(txtStore)
        .Fields("StoreDescribe") = Trim(txtDescribe)
        ' 根据变量 rEdit 的值，决定是插入新数据，还是修改记录
        If rEdit Then
            .MoveLast
        Else
            .Update
        End If
    End With
    Unload Me
End Sub
```

代码中的设计方法请参照 5.4.3 节的内容理解。

2．设计仓库信息管理窗体

创建一个新窗体，窗体名称设置为 frmStrMng，窗体 frmStrMng 的布局如图 5.8 所示。

图 5.8　frmStrMng 窗体布局

frmStrMng 窗体的控件及属性值设置如表 5.13 所示。

表 5.13　frmStrMng 窗体控件及属性值设置

控件名称	属性	属性值	控件名称	属性	属性值
Form	Name	frmStrMng	CommandButton	Name	cmdNew
	Caption	仓库信息管理		Caption	添加
Adodc	Name	adoStore	CommandButton	Name	cmdMdf
	CommandType	1-adCmdText		Caption	修改
	RecordSource	SELECT * FROM Storehouse WHERE StoreID ="	CommandButton	Name	cmdDel
				Caption	删除
Adodc	Name	adoQry	CommandButton	Name	cmdBack
	CommandType	1-adCmdText		Caption	返回
	RecordSource	SELECT * FROM Storehouse	DataGrid	Name	DataGrid1
				DataSource	adoStore

下面分析窗体 frmStrMng 中的过程代码。

（1）Refresh_Store 过程。

Refresh_Store 过程的功能是为 adoStore 控件设计数据源，从而决定在 DataGrid1 控件中显示的数据内容，对应的代码如下：

```
Sub Refresh_Store()
    adoStore.RecordSource = "SELECT StoreID AS  仓库编号,StoreName AS  仓库名称," _
        & " StoreDescribe As  描述信息  From Storehouse    "
    adoStore.Refresh
    DataGrid1.Columns(1).Width = 3000
End Sub
```

（2）cmdMdf_Click 事件过程。

当用户单击"修改"按钮时，将触发 cmdMdf_Click 事件，调用 frmStoreEdit 窗体以修改仓库信息，对应的代码如下：

```
Private Sub cmdMdf_Click()
    If adoStore.Recordset.EOF Then                          ' 判断是否已经选择了记录
        MsgBox "请选择记录", , "仓库管理"
        Exit Sub
    End If
    With adoStore.Recordset
        p = .AbsolutePosition                               ' 记录当前的位置
        frmStoreEdit.OriID = .Fields(0)
        frmStoreEdit.txtStore = Trim(.Fields(1))            ' 仓库名称
        frmStoreEdit.OriName = Trim(adoStore.Recordset.Fields(1))
        frmStoreEdit.txtDescribe = Trim(adoStore.Recordset.Fields(2))  ' 描述信息
        frmStoreEdit.rEdit = False                          ' 设置修改标记，rEdit 为 True 时，添加记录
        frmStoreEdit.Show 1
        Refresh_Store                                       ' 刷新显示
        .Move p                                             ' 把当前记录恢复到原来的位置
    End With
End Sub
```

（3）cmdDel_Click 事件过程。

当用户单击"删除"按钮时，将触发 cmdDel_Click 事件，删除 adoStore 控件记录集的当前记录，对应的代码如下：

```
Private Sub cmdDel_Click()
    Dim TmpID As String
    If adoStore.Recordset.BOF Then                  ' 判断是否已经选择了记录
        MsgBox "请选择记录", , "客户管理"
        Exit Sub
    End If
    p = adoStore.Recordset.AbsolutePosition          ' 记录当前的位置
    TmpID = adoStore.Recordset.Fields(0)             ' 读取当前记录的仓库信息
    ' 以下 If 语句判断入库单中是否包含此仓库的信息
    If In_DB("StoreID", TmpID, adoQry, "StoreIn") Then
        MsgBox "仓库出现在入库单中,不能删除", , "仓库管理"
        Exit Sub
    End If
    ' 以下 If 语句判断出库单中是否包含此仓库的信息
    If In_DB("StoreID", TmpID, adoQry, "Takeout") Then
        MsgBox "仓库出现在出库单中,不能删除", , "仓库管理"
        Exit Sub
    End If
    ' 以下 If 语句判断库存产品信息中是否包含此仓库信息
    If In_DB("StoreID", TmpID, adoQry, "ProInStore") Then
        MsgBox "仓库出现在库存产品信息中,不能删除", , "仓库管理"
        Exit Sub
    End If
    ' 确认删除
    If MsgBox("是否删除当前行?", vbYesNo, "确认") = vbYes Then
        adoStore.Recordset.Delete
        MsgBox "删除成功", , "仓库管理"
        Refresh_Store
        If p-1 > 0 Then
            adoStore.Recordset.Move p-1
        End If
    End If
End Sub
```

（4）cmdNew_Click 事件过程。

当用户单击"添加"按钮时，触发 cmdNew_Click 事件，调用 frmStoreEdit 窗体以添加仓库信息，对应的代码如下：

```
Private Sub cmdNew_Click()
    frmStrEdit.rEdit = True
    frmStrEdit.Show 1
    Refresh_Store
End Sub
```

（5）Form_Load 事件过程。

窗体 frmStrMng 载入时，执行以下代码以初始化仓库数据。

```
    Private Sub Form_Load()
        Refresh_Store                          ' 窗体载入时，装入仓库数据
    End Sub
```

5.4.5 产品管理模块设计

产品管理模块可以实现产品类目和产品信息的添加、修改和删除功能。

1. 设计产品类目编辑窗体

编辑产品类目信息的窗体 frmProTypeEdit 可以用来添加和修改产品类目信息。窗体 frmProTypeEdit 的布局如图 5.9 所示。

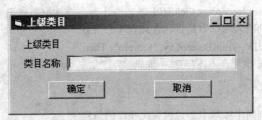

图 5.9 frmProTypeEdit 窗体布局

frmProTypeEdit 窗体的控件及属性值设置如表 5.14 所示。

表 5.14 frmProTypeEdit 窗体的控件及属性值设置

控件名称	属性	属性值	控件名称	属性	属性值
Form	Name	frmProTypeEdit	Label	Name	lbUpper
	Caption	上级类目		Caption	类目名称
Adodc	Name	adoProType	CommandButton	Name	cmdOk
	CommandType	1-adCmdText		Caption	确定
	RecordSource	SELECT * FROM ProType	CommandButton	Name	cmdCancel
TextBox	Name	txtTypeName		Caption	取消

下面分析窗体 frmStrEdit 中的过程代码。

（1）公共变量。

在窗体的通用声明区定义了四个公共变量，其值都由 frmProTypeMng 窗体传递。

```
    Public rEdit As Boolean          ' 记录状态，True-添加记录，False-编辑记录
    Public OriUpper As String        ' 当前类目的上级类目编号
    Public OriID As String           ' 当前编辑的类目编号
    Public OriName As String         ' 当前编辑的类目名称
    Dim NewID As String              ' 用于添加记录，自动产生一个编号
```

（2）cmdOk_Click 事件过程。

cmdOk_Click 事件过程将数据保存到 ProType 表中，其代码如下：

```
    Private Sub cmdOk_Click()
        If Trim(txtTypeName) = "" Then              ' 检查录入数据的有效性
            MsgBox "请输入类目名称", , "产品管理"
            txtTypeName.SetFocus
            Exit Sub
```

```
            End If
            If rEdit Or OriName <> Trim(txtTypeName) Then                 ' 判断类目名称是否已存在
                If In_DB("ProTypeName", txtTypeName, adoProType, "ProType") Then
                    MsgBox "类目名称已经存在,请重新输入", , "产品管理"
                    txtTypeName.SetFocus
                    txtTypeName.SelStart = 0
                    txtTypeName.SelLength = Len(txtTypeName)
                    Exit Sub
                End If
            End If
            If rEdit Then                                      ' 把用户录入的数据赋值给数据记录
                NewID = CreateID("ProTypeID", "ProType", adoProType)
                adoProType.RecordSource = "SELECT * FROM ProType"
                adoProType.Refresh
                adoProType.Recordset.AddNew                    ' 若为添加记录，则增加一条空记录
                adoProType.Recordset.Fields("ProTypeID") = NewID
            Else
                ' 若修改，则查找出该记录
                adoProType.RecordSource = "SELECT * FROM ProType WHERE ProTypeID='" & OriID & "'"
                adoProType.Refresh
            End If
            With adoProType.Recordset
                .Fields("ProTypeName") = Trim(txtTypeName)
                .Fields("UpperID") = OriUpper
                If rEdit Then                                  ' 根据变量 rEdit 决定是插入新记录，还是修改记录
                    .MoveLast
                Else
                    .Update
                End If
            End With
            Unload Me
        End Sub
```

2. 设计产品类目管理窗体

产品类目管理窗体 frmProTypeMng 的布局如图 5.10 所示。

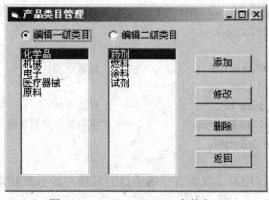

图 5.10　frmProTypeMng 窗体布局

frmProTypeMng 窗体的控件及属性值设置如表 5.15 所示。

表 5.15 frmProTypeMng 窗体控件及属性值设置

控件名称	属性	属性值	控件名称	属性	属性值
Form	Name	frmProTypeMng	CommandButton	Name	cmdNew
	Caption	产品类目管理		Caption	添加
Adodc	Name	adoProType	CommandButton	Name	cmdMdf
	CommandType	1-adCmdText		Caption	修改
	RecordSource	Select * From ProType	CommandButton	Name	cmdDel
OptionButton	Name	opb1		Caption	删除
	Caption	编辑一级类目	CommandButton	Name	cmdBack
	Value	True		Caption	返回
OptionButton	Name	opb2	ListBox	Name	List1
	Caption	编辑二级类目	ListBox	Name	List2
	Value	False			

下面分析窗体 frmProTypeMng 中的过程代码。

（1）窗体变量。

在窗体的通用声明区定义了三个变量。

```
        Dim ID1 As String              '当前列表框选择的类目名称对应的类目编号，为一级类目编号
        Dim ID2 As String              '当前二级类目编号
        Dim OriLst1Idx As Integer      '当前 List1 的被选择项，为添加二级目录返回使用
```

（2）cmdMdf_Click 事件过程。

当用户单击"修改"按钮时，将触发 cmdMdf_Click 事件，调用 frmProTypeEdit 窗体以修改产品类目信息，对应的代码如下：

```
        Private Sub cmdNew_Click()
        If opb1.Value Then                        '如果选择了编号一级类目
            frmProTypeEdit.OriUpper = "0000"
            frmProTypeEdit.lbUpper = ""
        Else
            frmProTypeEdit.OriUpper = ID1         '如果选择了编号二级类目
            frmProTypeEdit.lbUpper = List1.Text
        End If
        frmProTypeEdit.rEdit = True               '设置添加状态
        OriLst1Idx = List1.ListIndex
        frmProTypeEdit.Show 1                      '启动窗体
        Load_Type1 List1, adoProType              '重新装入类型数据
        List1.ListIndex = OriLst1Idx
        End Sub
```

Load_Type1 过程的作用是读取所有一级类目的名称并显示在窗体左侧的列表框中，定义在 VarM.bas 模块中。

（3）cmdDel_Click 事件过程。

当用户单击"删除"按钮时，将触发 cmdDel_Click 事件，对应的代码如下：

```
Private Sub cmdDel_Click()
    Dim TmpID As String
    ' 以下 If 语句判断是否选择了要删除的类目
    If (opb1.Value And List1.ListIndex < 0) Or _
        (opb2.Value And List2.ListIndex < 0) Then
        MsgBox "请选择要删除的类目", , "产品管理"
        Exit Sub
    End If
    ' 以下 If 语句判断用户选择的类目级别，把当前类目编号赋值给 TmpID
    If opb1.Value Then
        TmpID = ID1
    Else
        TmpID = ID2
    End If
    ' 以下 If 语句判断一级类目是否包含子类目
    If opb1.Value Then
        If In_DB("UpperID", TmpID, adoProType, "ProType") Then
            MsgBox "此类目包含子类目,不能删除", , "产品管理"
            Exit Sub
        End If
    End If
    ' 以下 If 语句判断类目中是否包含产品
    If In_DB("ProTypeID", TmpID, adoProType, "Product") Then
        MsgBox "此类目中包含产品,不能删除", , "产品管理"
        Exit Sub
    End If
    ' 确认删除
    If MsgBox("是否删除此类目?", vbYesNo, "请确认") = vbYes Then
        adoProType.RecordSource = "SELECT * FROM ProType WHERE ProTypeID='" & TmpID & "'"
        adoProType.Refresh
        OriLst1Idx = List1.ListIndex
        adoProType.Recordset.Delete
        Load_Type1 List1, adoProType
        If OriLst1Idx < List1.ListCount Then
        List1.ListIndex = OriLst1Idx
        Else
        List1.ListIndex = OriLst1Idx-1
        End If
    End If
End Sub
```

（4）cmdNew_Click 过程。

当用户单击"添加"按钮时，触发 cmdNew_Click 事件，执行以下代码：

```
Private Sub cmdNew_Click()
    If opb1.Value Then                          ' 如果选择了编号一级类目
        frmProTypeEdit.OriUpper = "0000"
```

```
                frmProTypeEdit.lbUpper = ""
        Else
                frmProTypeEdit.OriUpper = ID1            ' 如果选择了编号二级类目中
                frmProTypeEdit.lbUpper = List1.Text
        End If
        frmProTypeEdit.rEdit = True                     ' 设置添加状态
        OriLst1Idx = List1.ListIndex
        frmProTypeEdit.Show 1                            ' 启动窗体
        Load_Type1 List1, adoProType                    ' 重新装入类型数据
        List1.ListIndex = OriLst1Idx
    End Sub
```

（5）列表框单击事件。

单击 List1 控件，将获取其一级类目的编号，并以此调用 Load_Type2 过程重新设置该一级类目的下属类目填充 List2 控件。

```
    Private Sub List1_Click()
        ID1 = GetTypeID(List1.Text, adoProType)
        Load_Type2 ID1, List2, adoProType
    End Sub
    Private Sub List2_Click()
        ID2 = GetTypeId(List2.Text, adoProType)
    End Sub
```

（6）窗体载入事件。

当窗体 frmProTypeMng 载入时执行 Form_Load 事件，初始化 List1 控件，填充所有一级类目，并设置第零项被选定，以初始化其下级类目到 List2 控件中。

```
    Private Sub Form_Load()
        Load_Type1 List1, adoProType
        If List1.ListCount > 0 Then
            List1.ListIndex = 0                         ' 该语句可以触发 List1 的 Click 事件
        End If
    End Sub
```

3. 设计产品信息编辑窗体

编辑产品信息窗体 frmProEdit 可以用来添加和修改产品信息，其布局如图 5.11 所示。

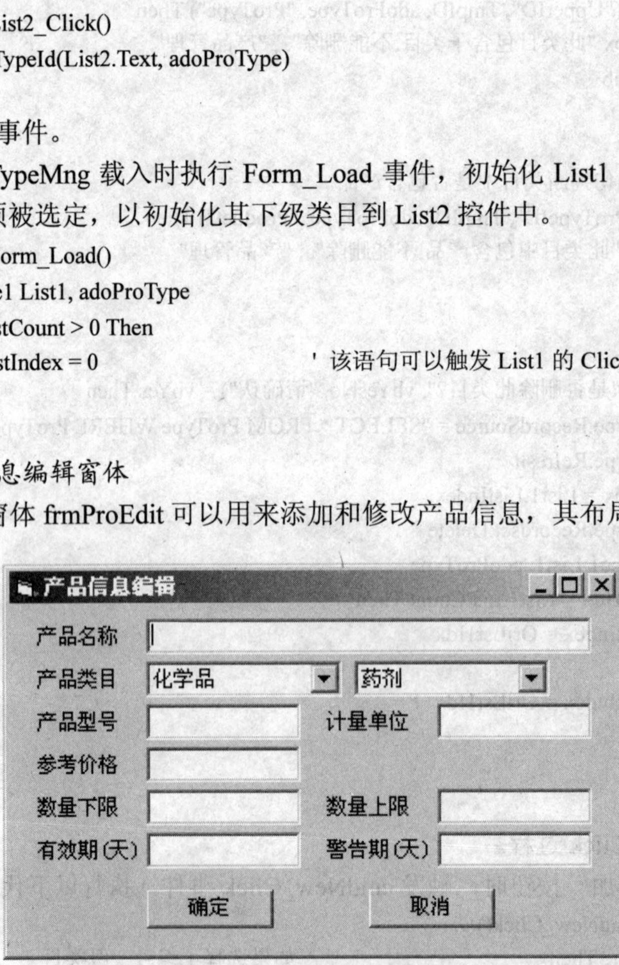

图 5.11　frmProEdit 窗体布局

frmProEdit 窗体的控件及属性值设置如表 5.16 所示。

表 5.16　frmProEdit 窗体的控件及属性值设置

控件名称	属性	属性值	控件名称	属性	属性值
Form	Name	frmProEdit	TextBox	Name	txtValid
	Caption	产品信息编辑	TextBox	Name	txtAlarm
Adodc	Name	adoPro	ComboBox	Name	cboType1
	CommandType	1-adCmdText		Style	2-DropDown List
	RecordSource	SELECT * FROM Product	ComboBox	Name	cboType2
TextBox	Name	txtName		Style	2-DropDown List
TextBox	Name	txtUnit	CommandButton	Name	cmdOk
TextBox	Name	txtStyle		Caption	确定
TextBox	Name	txtPrice	CommandButton	Name	cmdCancel
TextBox	Name	txtNLow		Caption	取消
TextBox	Name	txtNHigh			

下面分析窗体 frmProEdit 中的过程代码。

（1）窗体变量。

frmProEdit 窗体的通用声明区定义了以下变量。

```
' 以下三个公用变量值都由 frmProMng 窗体传递
Public rEdit As Boolean          ' 记录状态，True-添加记录，False-编辑记录
Public OriID As String           ' 当前编辑的产品编号
Public OriName As String         ' 当前编辑的产品名称
Dim NewID As String              ' 用于添加记录，自动产生一个客户编号
' 以下三个变量用于组合框显示产品类目
Dim ID1 As String                ' 当前列表框选择的类目名称对应的类目编号，一级类目编号
Dim ID2 As String                ' 当前二级类目编号
Dim OriLst1Idx As Integer        ' 当前 List1 的被选择项，为添加二级目录返回使用
```

（2）cmdOk_Click 事件过程。

cmdOk_Click 事件过程将数据保存到 Product 表中，其代码如下：

```
Private Sub cmdOk_Click()
    If Trim(txtName) = "" Then              ' 检查录入数据的有效性
        MsgBox "请输入产品名称", , "产品管理"
        txtName.SetFocus
        Exit Sub
    End If
    ' 判断产品名称是否已存在，adoPro.RecordSource 在控件设置时已选择所有记录
    If rEdit Or OriName <> Trim(txtName) Then
    If In_DB("ProName", txtName, adoPro, "Product") Then
        MsgBox "产品名称已经存在,请重新输入", , "产品管理"
        txtName.SetFocus
        txtName.SelStart = 0
        txtName.SelLength = Len(txtName)
        Exit Sub
```

```
            End If
        End If
        If rEdit Then                          '把用户录入的数据赋值给数据记录
            NewID = CreateID("ProID", "Product", adoPro)
            adoPro.RecordSource = "SELECT * FROM Product"
            adoPro.Refresh
            adoPro.Recordset.AddNew            '若为添加记录，则增加一条空记录
            adoPro.Recordset.Fields("ProID") = NewID
        Else
            '若修改，则查找出该记录
            adoPro.RecordSource = "SELECT * FROM Product WHERE ProID='" & OriID & "'"
            adoPro.Refresh
        End If
        With adoPro.Recordset
            .Fields("ProName") = Trim(txtName)          '产品名称
            .Fields("ProTypeID") = ID2
            .Fields("ProStyle") = Trim(txtStyle)        '产品型号
            .Fields("ProUnit") = Trim(txtUnit)          '计量单位
            .Fields("ProPrice") = Val(txtPrice)         '参考价格
            .Fields("ProLow") = Val(txtNLow)            '数量下限
            .Fields("ProHigh") = Val(txtNHigh)          '数量上限
            .Fields("ProValid") = Val(txtValid)         '有效期（天）
            .Fields("AlarmDays") = Val(txtAlarm)        '警告期（天）
            If rEdit Then                  '根据变量 rEdit 决定是插入新记录，还是修改记录
                .MoveLast
            Else
                .Update
            End If
        End With
        Unload Me
    End Sub
```

（3）Form_Load 过程。

当窗体 frmProEdit 载入时，执行 Form_Load 事件，初始化产品类目，调用的过程 Load_Type1 在"设计产品类目管理窗体"中已介绍。

```
        Private Sub Form_Load()
            Load_Type1 cboType1, adoPro
            If cboType1.ListCount > 0 Then
                cboType1.ListIndex = 0              '该语句可以触发 cboType1 的 Click 事件
            End If
            cboType2.ListIndex = 0
        End Sub
```

（4）组合框单击事件过程。

组合框 cboType1 和 cboType2 用于一级产品类目和二级产品类目的选择，它们在用户选择后分别由过程 Load_Type1 和 Load_Type2 刷新。

```
        Private Sub cboType1_Click()
            ID1 = GetTypeID(cboType1.Text, adoPro)
            Load_Type2 ID1, cboType2, adoPro
```

```
        End Sub
        Private Sub cboType2_Click()
            ID2 = GetTypeID(cboType2.Text, adoPro)
        End Sub
```

4. 设计产品信息管理窗体

产品信息管理窗体 frmProMng 的布局如图 5.12 所示。

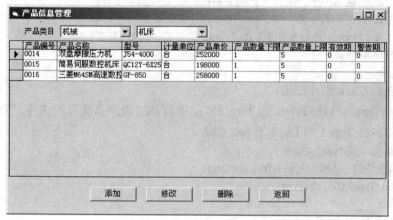

图 5.12 frmProMng 窗体布局

frmProMng 窗体的控件及属性值设置如表 5.17 所示。

表 5.17 frmProMng 窗体控件及属性值设置

控件名称	属性	属性值	控件名称	属性	属性值
Form	Name	frmProMng	ComboBox	Name	cboType2
	Caption	产品信息管理		Style	2-DropDown List
Adodc	Name	adoPro	DataGrid	Name	DataGrid1
	CommandType	1-adCmdText		DataSource	adoPro
	RecordSource	SELECT * FROM Product	CommandButton	Name	cmdNew
Adodc	Name	adoQry		Caption	添加
	CommandType	1-adCmdText	CommandButton	Name	cmdMdf
	RecordSource	SELECT * FROM Product WHERE ProID="		Caption	修改
			CommandButton	Name	cmdDel
ComboBox	Name	cboType1		Caption	删除
	Style	2-DropDown List	CommandButton	Name	cmdBack
				Caption	返回

下面分析窗体 frmProMng 中的过程代码。

（1）公用变量。

```
        ' 控件 adoQry 为通用查询 ADO Data 控件，用于查询数据库中各表的信息
        Dim ID1 As String              ' 当前列表框选择的类目名称对应的类目编号，一级类目编号
        Dim ID2 As String              ' 当前二级类目编号
        Dim OriLst1Idx As Integer      ' 当前 List1 的被选择项，为添加二级目录返回使用
```

（2）Refresh_Pro 过程。

Refresh_Pro 过程的功能是为 adoPro 控件（用于查询产品信息表 Product）设置数据源，从而决定在 DataGrid1 控件中显示的数据内容，对应的代码如下：

```
Sub Refresh_Pro()
    adoPro.RecordSource = "SELECT ProID AS  产品编号,ProName AS  产品名称," _
        & "ProStyle AS  型号,ProUnit AS  计量单位, ProPrice AS  产品单价," _
        & "ProLow As  产品数量下限, ProHigh As  产品数量上限, " _
        & "ProValid As  有效期,AlarmDays AS  警告期  " _
        & " From Product WHERE ProTypeID='" & Trim(ID2) & "'"
    adoPro.Refresh
End Sub
```

（3）组合框 Click 事件过程。

组合框 cboType1 和 cboType2 用于一级产品类目和二级产品类目的选择，它们在用户选择后分别由过程 Load_Type1 和 Load_Type2 刷新。

```
Private Sub cboType1_Click()
    ID1 = GetTypeId(cboType1.Text, adoQry)
    Load_Type2 ID1, cboType2, adoPro
End Sub
Private Sub cboType2_Click()
    ID2 = GetTypeID(cboType2.Text, adoQry)
    Refresh_Pro                                       ' 刷新显示
End Sub
```

（4）cmdMdf_Click 过程。

当用户单击"修改"按钮时，将触发 cmdMdf_Click 事件，调用 frmProEdit 窗体以修改产品信息，对应的代码如下：

```
Private Sub cmdMdf_Click()
    If adoPro.Recordset.EOF Then                      ' 判断是否已经选择了记录
        MsgBox "请选择记录", , "产品管理"
        Exit Sub
    End If
    With adoPro.Recordset
        p = .AbsolutePosition                         ' p 存放记录当前的位置
        frmProEdit.OriID = .Fields(0)                 ' 产品编号
        frmProEdit.txtName = Trim(.Fields(1))         ' 产品名称
        frmProEdit.OriName = Trim(.Fields(1))
        frmProEdit.cboType1.ListIndex = cboType1.ListIndex   ' 一级类目名称
        frmProEdit.cboType2.ListIndex = cboType2.ListIndex   ' 二级类目名称
        frmProEdit.txtStyle = Trim(.Fields(2))        ' 型号
        frmProEdit.txtUnit = Trim(.Fields(3))         ' 计量单位
        frmProEdit.txtPrice = .Fields(4)              ' 产品参考单价
        frmProEdit.txtNLow = .Fields(5)               ' 产品数量下限
        frmProEdit.txtNHigh = .Fields(6)              ' 产品数量上限
        frmProEdit.txtValid = .Fields(7)              ' 有效期
        frmProEdit.txtAlarm = .Fields(8)              ' 警告期
        frmProEdit.rEdit = False                      ' 设置修改标记, rEdit 为 True 时，添加记录
        frmProEdit.Show 1
```

```
            Refresh_Pro                              ' 刷新显示
            .Move p                                  ' 把当前记录恢复到原来的位置
        End With
    End Sub
```

（5）cmdDel_Click 过程。

当用户单击"删除"按钮时，将触发 cmdDel_Click 事件，对应的代码如下：

```
    Private Sub cmdDel_Click()
        Dim TmpID As String
        ' 判断是否已经选择了记录
        If adoPro.Recordset.BOF Then
            MsgBox "请选择记录", , "产品管理"
            Exit Sub
        End If
        p = adoPro.Recordset.AbsolutePosition
        ' 读取当前记录的产品信息
        TmpID = adoPro.Recordset.Fields(0)
        ' 判断入库单中是否包含此产品的信息
        If In_DB("proID", TmpID, adoQry, "StoreIn") Then
            MsgBox "产品出现在入库单中,不能删除", , "产品管理"
            Exit Sub
        End If
        ' 判断出库单中是否包含此产品的信息
        If In_DB("proID", TmpID, adoQry, "Takeout") Then
            MsgBox "产品出现在出库单中,不能删除", , "产品管理"
            Exit Sub
        End If
        ' 判断库存产品表中是否包含此产品信息
        If In_DB("ProID",TmpID,adoQry,"ProInStore") Then
            MsgBox "产品出现在库存产品信息中,不能删除", , "产品管理"
            Exit Sub
        End If
        ' 确认删除
        If MsgBox("是否删除当前行?", vbYesNo, "确认") = vbYes Then
            adoPro.Recordset.Delete
            MsgBox "删除成功", , "产品管理"
            Refresh_Pro
            If p-1 > 0 Then
                adoPro.Recordset.Move p-1
            End If
        End If
    End Sub
```

（6）cmdNew_Click 过程。

当用户单击"添加"按钮时，触发 cmdNew_Click 事件，执行以下代码：

```
    Private Sub cmdNew_Click()
        frmProEdit.rEdit = True
        frmProEdit.Show 1
        Refresh_Pro
    End Sub
```

（7）Form_Load 过程。

当窗体 frmProMng 载入时，执行 Form_Load 事件，为组合框初始化产品类目。

```
Private Sub Form_Load()
    Load_Type1 cboType1, adoPro          ' 初始化产品类目，Load_Type1 与 LoadType2 定义在模块中
    If cboType1.ListCount > 0 Then
        cboType1.ListIndex = 0           ' 该语句可以触发 cboType1 的 Click 事件
    End If
    cboType2.ListIndex = 0
    Refresh_Pro                          ' 装入产品数据到 GridData1 控件
End Sub
```

5.4.6　库存操作管理模块设计

库作操作管理模块可以实现入库操作、出库操作、库存盘点的添加、修改和删除等功能。

1．设计入库操作管理模块

入库操作管理模块涉及两个窗体：入库操作编辑窗体和入库操作管理窗体。

编辑入库操作信息的窗体 frmStrInEdit 可以用来添加产品入库操作信息，它主要是针对 StoreIn 表进行的操作，其布局如图 5.13 所示。该窗体由三类数据构成：客户信息、产品信息、入库信息，其中客户信息与产品信息分别来源于表 Client 和 Product，是只读数据，作用是为操作者提供入库信息参考。

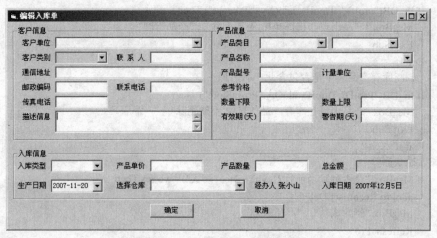

图 5.13　frmStrInEdit 窗体布局

frmStrInEdit 窗体控件及属性设置如表 5.18 所示。

表 5.18　frmStrInEdit 窗体控件及属性值设置

控件名称	属性	属性值	控件名称	属性	属性值
Form	Name	frmProMng	TextBox	Name	txtValid
	Caption	产品信息管理	TextBox	Name	txtAlarm
Adodc	Name	adoClient	ComboBox	Name	cboClt
	CommandType	1-adCmdText	ComboBox	Name	cboType
	RecordSource	SELECT * FROM Client		List	供应商

控件名称	属性	属性值	控件名称	属性	属性值
Adodc	Name	adoQry			购货商
	CommandType	1-adCmdText		Locked	True
	RecordSource	SELECT * FROM Product WHERE ClientID="	TextBox	Name	txtContact
			TextBox	Name	txtAddr
Adodc	Name	adoPro	TextBox	Name	txtCode
	CommandType	1-adCmdText	TextBox	Name	txtPhone
	RecordSource	SELECT * FROM Product	TextBox	Name	txtFax
Adodc	Name	adoStoreIn	TextBox	Name	txtDescribe
	CommandType	1-adCmdText		MultiLine	True
	RecordSource	SELECT * FROM StoreIn	ComboBox	Name	cboStoreInType
Adodc	Name	adoProInStore	TextBox	Name	txtProPrice
	CommandType	1-adCmdText	TextBox	Name	txtNum
	RecordSource	SELECT * FROM ProInStore	TextBox	Name	txtTotal
ComboBox	Name	cboType1	DateTimePicker	Name	dtpCreateDate
ComboBox	Name	cboType2	ComboBox	Name	cboStore
ComboBox	Name	cboPro	Label	Name	lbEmpName
TextBox	Name	txtStyle	Label	Name	lbOpDate
TextBox	Name	txtUnit	CommandButton	Name	cmdOk
TextBox	Name	txtPrice		Caption	确定
TextBox	Name	txtNLow	CommandButton	Name	cmdCancel
TextBox	Name	txtNHigh		Caption	取消

窗体 frmStrInEdit 的主要代码分析如下。

（1）公共变量。

窗体 frmStrInEdit 中有以下公共变量：

```
Public rEdit As Boolean                          ' 记录状态，True-添加记录，False-编辑记录
Public OriCltID As String                        ' 当前客户编号
Public OriClt As String                          ' 表示当前编辑的客户名称
Public OriCltType As String                      ' 表示当前编辑的客户类型
Public OriType1 As String, OriType2 As String    '当前编辑的产品类目名称
Public OriProID                                  ' 当前产品编号
Public OriPro As String                          ' 当前编辑的产品名称
Public OriStoreID As String                      ' 选择的仓库编号
Public OriStore As String                        ' 表示当前编辑的仓库名称
Public OriStrInID As String                      ' 当前入库单编号
Public OriStrInType As String                    ' 当前入库类型
' 以下三个变量用于组合框显示产品类目，为窗体级变量
Dim ID1 As String                                ' 当前列表框选择的类目名称对应的类目编号，一级类目编号
Dim ID2 As String                                ' 当前二级类目编号
Dim OriLst1Idx As Integer                        ' 当前 List1 的被选择项，为添加二级目录返回使用
```

（2）Fill_Clt、Fill_Pro 和 Fill_StrIn 过程。

Fill_Clt 过程的功能是根据用户选择的客户读取客户信息。设计该 Fill_Clt 过程是为了当入库类型为生产入库和退料入库且客户信息为空时，不能采取绑定填充。对应的程序代码如下：

```
Sub Fill_Clt(adodc1 As Adodc)
    ' 如果当前选择的客户单位为空，则把客户信息清空
    If cboClt.Text = "" Then
        txtContact = ""               ' 联系人
        txtAddr = ""                  ' 通信地址
        txtCode = ""                  ' 邮政编码
        txtPhone = ""                 ' 联系电话
        txtFax = ""                   ' 传真电话
        txtDescribe = ""              ' 描述信息
    Else
        ' 根据当前选择的客户名称读取当前客户的数据
        With adodc1.Recordset
            cboType.ListIndex = Val(.Fields("ClientType"))-1
            txtContact = .Fields("Contact")
            txtAddr = .Fields("Address")
            txtCode = .Fields("Postcode")
            txtPhone = .Fields("Phone")
            txtFax = .Fields("Fax")
            txtDescribe = .Fields("ClientDescribe")
        End With
    End If
End Sub
```

与 Fill_Clt 过程相似，Fill_Pro 过程的功能是根据选择的产品读取产品信息，代码如下：

```
Sub Fill_Pro(adodc1 As Adodc)
    ' 如果当前选择的产品名称为空，则把产品信息清空
    If cboPro.Text = "" Then
        txtStyle = ""                 ' 产品型号
        txtUnit = ""                  ' 计量单位
        txtPrice = ""                 ' 参考价格
        txtNLow = ""                  ' 数量下限
        txtNHigh = ""                 ' 数量上限
        txtValid = ""                 ' 有效期（天）
        txtAlarm = ""                 ' 警告期（天）
    Else
        ' 根据当前选择的产品名称读取当前产品的数据
        With adodc1.Recordset
            txtStyle = .Fields("ProStyle")
            txtUnit = .Fields("ProUnit")
            txtPrice = .Fields("ProPrice")
            txtNLow = .Fields("ProLow")
            txtNHigh = .Fields("ProHigh")
            txtValid = .Fields("ProValid")
            txtAlarm = .Fields("AlarmDays")
        End With
```

```
        End If
    End Sub
```
Fill_StrIn 过程用于填充入库信息，代码如下：

```
    Sub Fill_StrIn(adodc1 As Adodc)
        ' 如果当前选择的客户单位为空，则把客户信息清空
        If cboStoreInType.Text = "" Then
            txtProPrice = ""
            txtNum = ""
            txtPhone = ""
            cboStore.Text = ""
            txtTotal = ""
            dtpCreateDate.Value = ""
        Else
            ' 根据当前选择的客户名称读取当前客户的数据
            With adodc1.Recordset
                txtProPrice = .Fields("ProPrice")
                txtNum = .Fields("ProNum")
                txtTotal = Val(txtProPrice) * Val(txtNum)
                dtpCreateDate.Value = .Fields("OptDate")
            End With
            adoQry.RecordSource = "SELECT * FROM Storehouse WHERE StoreID='" & OriStoreID & "'"
            adoQry.Refresh
            cboStore.Text = adoQry.Recordset.Fields("StoreName")
        End If
    End Sub
```

（3）cmdOk_Click 过程。

当用户单击"确定"按钮时，将触发 cmdOk_Click 事件，对应的程序代码如下：

```
    Private Sub cmdOk_Click()
        Dim TmpID As String, sSql As String
        If Not Check Then          ' Check 函数用检查用户录入数据的有效性，定义在窗体中
            Exit Sub
        End If
        With adoStoreIn.Recordset        ' 把用户录入的数据赋值到 StoreIN 表中
            If rEdit Then
                .AddNew
                sSql = "SELECT StoreInID FROM StoreIn ORDER BY StoreInID"
                .Fields("StoreInID") = GetNewID(adoQry, sSql)
            End If
            .Fields("StoreinType") = cboStoreInType.Text
            .Fields("ProID") = OriProID               ' OriProID 为窗体级变量
            .Fields("CreateDate") = dtpCreateDate.Value
            .Fields("ProPrice") = Val(txtProPrice)
            .Fields("ProNum") = Val(txtNum)
            .Fields("ClientID") = OriCltID             ' OriCltID 为窗体级变量
            .Fields("StoreID") = OriStoreID
            .Fields("EmpName") = OriEmpName         ' 在 VarM 模块中定义，为当前员工名，即经办人
            .Fields("OptDate") = Format(Now, "yyyy-mm-dd")
```

```
        If rEdit Then
            .MoveLast
        Else
            .Update
            Exit Sub
        End If
    End With
    ' 将产品保存到仓库中，把入库的数据赋值给 ProInStore 表
    With adoProInStore.Recordset
        ' 检查是否已存在该产品库存信息，若是则将库存两者合并，否则，添加新记录
        TmpID = In_PSDB(OriProID, txtProPrice.Text, dtpCreateDate.Value, OriStoreID, adoQry)
        If TmpID <> "" Then
            .MoveFirst
            .Find "StoreProID ='" & TmpID & "'"
            .Fields("ProNum") = .Fields("ProNum") + Val(txtNum)         ' 产品数量合并
        Else
            .AddNew
            sSql = "SELECT StoreProID FROM ProInStore ORDER BY StoreProID"
            .Fields("StoreProID") = GetNewID(adoQry, sSql)
            .Fields("ProNum") = Val(txtNum)                             ' 产品数量
        End If
        .Fields("ProID") = OriProID                                    ' 产品编号
        .Fields("ProPrice") = Val(txtProPrice)                         ' 产品价格
        .Fields("ClientID") = OriCltID                                 ' 客户编号
        .Fields("CreateDate") = dtpCreateDate.Value                    ' 入库日期
        .Fields("StoreID") = OriStoreID                                ' 仓库编号
        .MoveLast
    End With
End Sub
```

其中，Check 函数用于数据的有效性检查，其代码如下：

```
Function Check() As Boolean
    Select Case cboStoreInType.Text
    Case "采购入库"                      ' 采购入库指将从供应商处采购的产品入库
        If cboType.Text <> "供应商" Then
            MsgBox "客户单位应为供应商", , "入库"
            Check = False
            Exit Function
        End If
    ' 退货入库指本企业售出的产品退货后，将退货产品入库，故不需要客户名称
    Case "退货入库"
        If cboType.Text <> "购货商" Then
            MsgBox "客户单位应为购货商", , "入库"
            Check = False
            Exit Function
        End If
    End Select
    If Val(txtNum) < Val(txtNLow) Or Val(txtNum) > Val(txtNHigh) Then
        MsgBox "产品数量超过了数量限额", , "入库"
```

```
            Check = False
            Exit Function
        End If
        If dtpCreateDate.Value + Val(txtValid) < Date Then
            MsgBox "产品已经过期", , "入库"
            Check = False
            Exit Function
        End If
        Check = True
    End Function
```

（4）组合框单击事件过程。

窗体 frmStrInEdit 的组合框包括客户单位组合框 cboClt、产品名称组合框 cboPro、仓库名称组合框 cboStore、入库类型组合框 cboStoreInType、产品类目组合框 cboType1 和 cboType2 等。下面对这些组合框的单击事件过程进行分析。

1）客户单位组合框 cboClt_Click 事件过程。

cboClt_Click 事件过程用于读取用户选择的客户信息并显示在 frmStrInEdit 窗体的客户信息区。

```
        Private Sub cboClt_Click()                      ' 客户组合框
            adoClient.RecordSource = "SELECT * FROM Clients WHERE ClientName='" & cboClt & "'"
            adoClient.Refresh
            Fill_Clt adoClient                          ' 填充客户信息
            If adoClient.Recordset.EOF Then
                OriCltID = ""
            Else
                OriCltID = adoClient.Recordset.Fields(0)
            End If
        End Sub
```

2）产品名称组合框 cboPro_Click 事件过程。

cboPro_Click 事件过程用于读取用户选择的产品信息并显示在 frmStrInEdit 窗体的产品信息区。

```
        Private Sub cboPro_Click()                      ' cboPro 产品名称的选择控件
            adoPro.RecordSource = "SELECT * FROM Product WHERE ProName='" & cboPro & "'"
            adoPro.Refresh
            Fill_Pro adoPro                             ' 填充产品信息
            OriProID = adoPro.Recordset.Fields(0)
            txtProPrice = ""                            ' 初始化入库数据
            txtNum = ""
            txtTotal = ""
        End Sub
```

3）仓库名称组合框 cboStore_Click 事件过程。

cboStore_Click 事件过程用于读取用户选择的仓库编号。

```
        Private Sub cboStore_Click()                    ' cboStore 为仓库名称组合框
            Dim sSql As String
            sSql = "SELECT StoreID FROM Storehouse WHERE StoreName='" & cboStore & "'"
            OriStoreID = GetID(adoQry, sSql, 0)
        End Sub
```

4）入库类型组合框 cboStoreInType_Click 事件过程。

cboStoreInType 事件过程根据用户选择的产品入库类型，重新选择客户。

```
Private Sub cboStoreInType_Click()
    If cboStoreInType.Text = "生产入库" Or cboStoreInType = "退料入库" Then
        cboClt.Text = ""
        cboClt_Click
    End If
End Sub
```

5）产品类目组合框 cboType1_Click 和 cboType2_Click 单击事件过程。

cboType1 和 cboType2 单击事件过程用于读取产品类目编号，并根据用户选择的一级产品类目刷新二级产品类目组合框。

```
Private Sub cboType1_Click()                    ' cboType1 和 cboType2 为产品类目组合框
    ID1 = GetTypeId(cboType1.Text, adoQry)
    Load_Type2 ID1, cboType2, adoPro
End Sub
Private Sub cboType2_Click()
    Dim sSql As String
    ID2 = GetTypeId(cboType2.Text, adoQry)
    ' 获取产品名称填充到 cboPro 控件中
    sSql = "SELECT ProName FROM Product WHERE ProTypeID='" & ID2 & "' ORDER BY ProID"
    cboPro.Clear
    FillCbo adoQry, sSql, cboPro
End Sub
```

其中，GetID 函数通过名称获取其编号，其代码如下：

```
Function GetID(adodc1 As Adodc, strSql As String, fNo As Integer) As String
    adodc1.RecordSource = strSql
    adodc1.Refresh
    GetID = adodc1.Recordset.Fields(fNo)
End Function
```

GetTypeID 函数定义在模块中，在 5.3.2 节中有详细说明。

（5）txtNum_LostFocus 过程。

当用户在文本框txtNum中输入数据（产品数量）后，自动计算出该产品的总金额，LostFocus 为 txtNum 控件失去焦点时触发。

```
Private Sub txtNum_LostFocus()
    txtTotal = Val(txtProPrice) * Val(txtNum)
End Sub
```

（6）Form_Load 事件过程。

当窗体载入时，触发 Form_Load 事件，初始化各组合框。

```
Private Sub Form_Load()
    Dim sSql As String
    lbOpDate = Year(Date) & "年" & Month(Date) & "月" & Day(Date) & "日"
    ' 获取客户单位填充到 cboClt 控件中
    sSql = "SELECT ClientName FROM Clients ORDER BY ClientID"
    FillCbo adoQry, sSql, cboClt
    sSql = "SELECT StoreName FROM Storehouse"                    ' 填充仓库名称到 cboStore 中
```

```
        FillCbo adoQry, sSql, cboStore
        lbEmpName = OriEmpName                          ' 设置经办人
        adoStoreIn.RecordSource = "Select * From StoreIn"
        adoStoreIn.Refresh
        adoProInStore.RecordSource = "Select * From ProInStore"
        adoProInStore.Refresh
            adoQry.RecordSource = "SELECT * FROM ProType"      ' 初始化产品类目
            adoQry.Refresh
            Load_Type1 cboType1, adoQry
            cboType2.Text = ""
            cboPro.Text = ""
            cboClt.Text = ""
            cboType.Text = ""
    End Sub
```

入库操作管理窗体 frmStrInMng 浏览用户选择的入库信息，并调用 frmStrInEdit 窗体编辑新入库单，窗体的布局如图 5.14 所示。

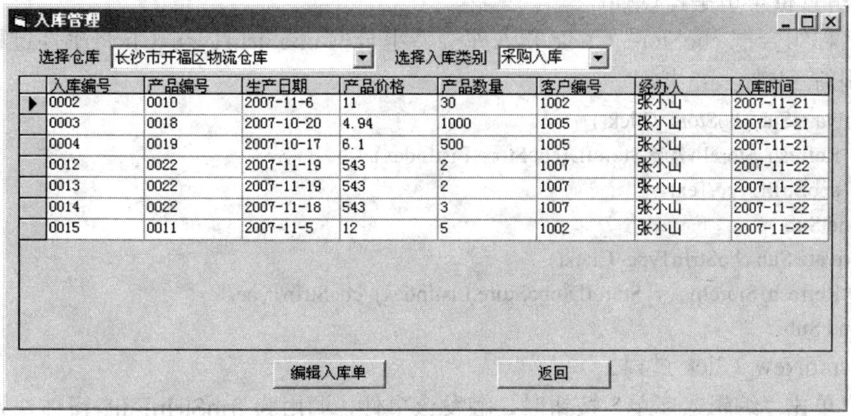

图 5.14 frmStrInMng 窗体布局

frmStrInMng 窗体的控件及属性值设置如表 5.19 所示。

表 5.19 frmStrInMng 窗体控件及属性值设置

控件名称	属性	属性值	控件名称	属性	属性值
Form	Name	frmStrInMng	ComboBox	Name	cboStore
	Caption	入库管理		Style	2-DropDown List
Adodc	Name	adoStoreIn	ComboBox	Name	cboStrInType
	CommandType	1-adCmdText		Style	2-DropDown List
	RecordSource	SELECT * FROM StoreIn WHERE StoreInID="	DataGrid	Name	DataGrid1
				DataSource	adoStoreIn
Adodc	Name	adoQry	CommandButton	Name	cmdNew
	CommandType	1-adCmdText		Caption	编辑入库单
	RecordSource	SELECT * FROM StoreIn	CommandButton	Name	cmdBack
				Caption	返回

窗体 frmStrInMng 的主要代码分析如下。

（1）窗体变量。

Arr_StoreID 数组存储仓库编号数据。

```
Dim Arr_StoreID() As String            ' 为仓库编号数组
```

（2）Refresh_StoreIn 过程。

Refresh_StoreIn 过程的功能是为 adoStoreIn 控件（用于查询产品信息表 StoreIn）设置数据源，从而决定在 DataGrid1 控件中显示的数据内容，对应的代码如下：

```
Sub Refresh_StoreIn(vStore As String, vInType As String)
    adoStoreIn.RecordSource = "SELECT StoreInID AS  入库编号,ProID AS  产品编号," _
        & "CreateDate AS  生产日期,ProPrice AS  产品价格, ProNum AS  产品数量," _
        & "ClientID As  客户编号, EmpName As  经办人, OptDate As  入库时间" _
        & " From StoreIn WHERE StoreID='" & Trim(vStore) _
        & "' And    StoreInType='" & Trim(vInType) & "'"
    adoStoreIn.Refresh
End Sub
```

（3）组合框单击事件过程。

仓库名称组合框 cboStore_Click 和入库类型组合框 cboStrInType_Click 事件过程用于根据用户选择刷新 adoStoreIn 控件。

```
Private Sub cboStore_Click()
    Refresh_StoreIn Arr_StoreID(cboStore.ListIndex), ""
    cboStrInType.Text = ""
End Sub
Private Sub cboStrInType_Click()
    Refresh_StoreIn Arr_StoreID(cboStore.ListIndex), cboStrInType.Text
End Sub
```

（4）cmdNew_Click 过程。

当用户单击"编辑入库单"按钮时，触发该事件，调用为 frmStrInEdit 窗体，为表 StoreIn 添加入库信息。

```
Private Sub cmdNew_Click()
    frmStrInEdit.Show 1
    Refresh_StoreIn Arr_StoreID(cboStore.ListIndex), cboStrInType.Text
End Sub
```

（5）Form_Load 过程。

当窗体载入时，触发 Form_Load 事件，初始化各组合框。

```
Private Sub Form_Load()
    adoQry.RecordSource = "SELECT * FROM Storehouse"      ' 初始化仓库信息
    adoQry.Refresh
    ReDim Arr_StoreID(adoQry.Recordset.RecordCount)
    i = 0
    Do While Not adoQry.Recordset.EOF
        Arr_StoreID(i) = adoQry.Recordset.Fields(0)
        cboStore.AddItem adoQry.Recordset.Fields(1)
        adoQry.Recordset.MoveNext
        i = i + 1
    Loop
```

```
        cboStore.ListIndex = 0                              ' 初始化入库类别
        cboStrInType.ListIndex = 0
        Refresh_StoreIn "", ""
    End Sub
```

2. 设计出库操作管理模块

"编辑出库单"窗体 frmTakeoutEdit 用来添加产品出库操作信息，窗体的布局如图 5.15 所示。

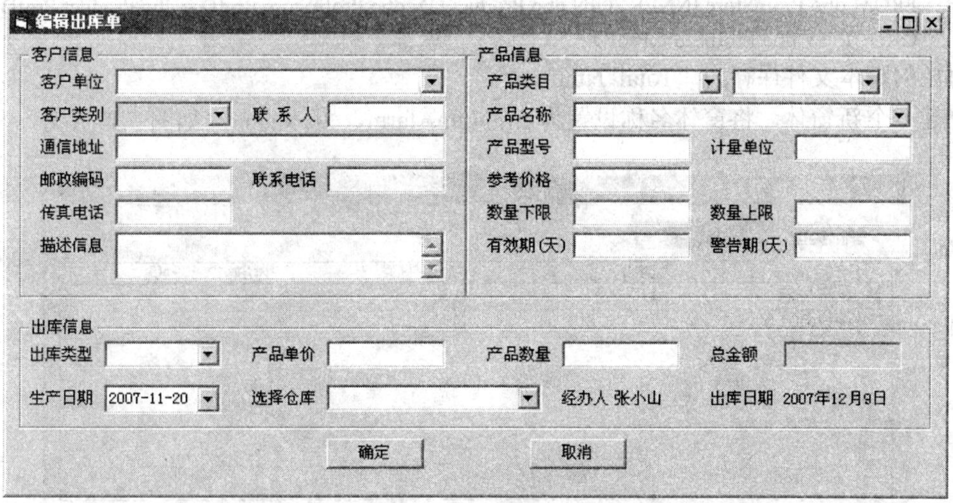

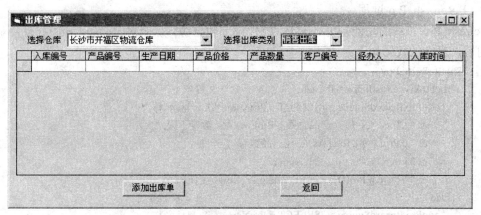

图 5.15　frmTakeoutEdit 窗体布局

窗体 frmTakeoutEdit 的代码部分请参照入库操作管理模块理解。

"出库管理"窗体 frmTakeoutMng 用于浏览用户选择的出库信息，调用 frmTakeoutEdit 窗体以编辑出库单，该窗体的布局如图 5.16 所示。

图 5.16　frmTakeoutMng 窗体布局

窗体 frmTakeoutMng 的代码部分请参照入库操作管理模块理解。

5.4.7　库存警示管理模块设计

库存警示管理模块可以实现以下功能：

（1）实现数量报警管理，即当库存产品的数量低于下线或超过上线时报警。

（2）实现失效报警管理，即当库存产品将达到有效期时报警。

1. 设计产品数量报警管理模块

产品数量报警信息管理窗体用来显示所有需要进行数量报警的产品信息。为了更方便地统计产品数量报警信息，需要创建一个视图 Total_Num，它的作用是统计每种库存产品的数量。

创建视图 Total_Num 的代码如下：

```
SELECT dbo.ProInStore.ProID, SUM(dbo.ProInStore.ProNum)
AS Total
FROM dbo.ProInStore INNER JOIN dbo.Product ON dbo.ProInStore.ProID = dbo.Product.ProID
GROUP BY dbo.ProInStore.ProID
```

对应的脚本文件保存为"Total_Num.sql"。

创建一个新窗体，将窗体名称设置为 frmNumAlarm，窗体的布局如图 5.17 所示。

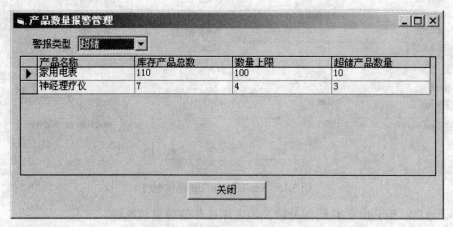

图 5.17　frmNumAlarm 窗体布局

下面对窗体 frmNumAlarm 的主要代码进行分析。

（1）Refresh_Pro 过程。

Refresh_Pro 过程的功能是为 Adodc1 控件设置数据源，从而决定 DataGrid1 控件中显示的数据内容，对应的代码如下：

```
Sub Refresh_Pro()
    If cboAType.ListIndex = 0 Then                ' 数量少于下线
        adoPro.RecordSource = "SELECT p.ProName AS 产品名称, " _
            & " t.Total AS 库存产品总数,p.ProLow AS 数量下限, " _
            & " p.ProLow-t.Total As 短线产品数量 " _
            & " From Product p,Total_Num t " _
            & " Where p.ProID = t.ProID And p.ProLow > t.Total "
    Else                                          ' 数量多于上线
        adoPro.RecordSource = "SELECT p.ProName AS 产品名称," _
            & " t.Total AS 库存产品总数,p.ProHigh AS 数量上限," _
            & " t.Total-p.ProHigh As 超储产品数量" _
            & " From Product p,Total_Num t WHERE p.ProID=t.ProID and p.ProHigh<t.Total"
    End If
    adoPro.Refresh
End Sub
```

（2）Form_Load 过程。

当窗体 frmNumAlarm 运行时，将触发 Form_Load 事件，对应的程序代码如下：

```
Private Sub Form_Load()
    cboAType.ListIndex = 0
    Refresh_Pro
End Sub
```

（3）cboAType_Click 事件过程。

当用户单击 cboAType 组合框时，将触发 cboAType_Click 事件，其代码如下：

```
Private Sub cboAType_Click()
    Refresh_Pro
End Sub
```

2. 设计产品失效报警管理模块

产品失效报警信息管理窗体用来显示所有需要进行失效报警的产品信息。为了更方便地统计产品失效报警信息，需要创建一个视图 PISValid，它的作用是统计库存产品的价格、数量、生产日期、仓库名称和距离失效期的天数等信息。创建视图 PISValid 的代码如下：

```
CREATE VIEW dbo.PISValid
AS
SELECT dbo.ProInStore.StoreProID AS  仓库存储编号,dbo.Product.ProName AS  产品名称,
        dbo.ProInStore.ProPrice AS  产品价格,dbo.ProInStore.ProNum AS  产品数量,
        dbo.ProInStore.CreateDate AS  生产日期,dbo.Storehouse.StoreName AS  仓库名称,
        ROUND(DATEDIFF(day,DATEADD(day,dbo.Product.ProValid,dbo.ProInStore.CreateDate),
        GETDATE()),0) AS  距离失效期的天数
FROM dbo.ProInStore INNER JOIN dbo.Product
    ON dbo.ProInStore.ProID=dbo.Product.ProID AND
        DATEDIFF(day,dbo.ProInStore.CreateDate , GETDATE())>=dbo.Product.AlarmDays
    INNER JOIN dbo.Storehouse
    ON dbo.ProInStore.StoreID=dbo.Storehouse.StoreID
```

对应的脚本文件保存为"PISValid.sql"。

在 SELECT 语句中使用了 ROUND、DATEDIFF、DATEADD、GETDATE 等内部函数。这些函数的主要功能如表 5.20 所示。

表 5.20　视图 PISValid 使用的函数功能说明

函数名称	功能说明
ROUND	根据指定的长度和精度对数字表达式进行四舍五入
DATEDIFF	在向指定日期加上一段时间的基础上，返回新的 Datetime 值
DATEADD	返回两个指定日期的时间差
GETDATE	按 Datetime 值的 SQL Server 标准内部格式返回当前系统日期和时间

关于这些函数的具体使用方法，请查阅 SQL Server 的联机帮助。

创建一个新窗体，将窗体名称设置为 frmValidAlarm，窗体 frmValidAlarm 的布局如图 5.18 所示。

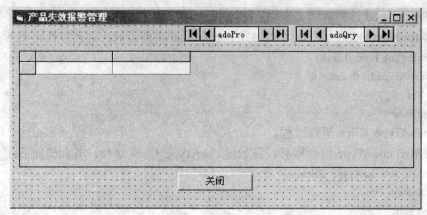

图 5.18　frmValidAlarm 窗体布局

其他参照数量报警的设置。

5.4.8　统计查询管理模块设计

统计查询管理模块可以实现以下功能：①产品出入库统计表；②库存产品流水统计表。

1. 设计产品出入库统计表窗体

产品出入库统计表用来统计产品出库和入库的记录信息，它需要创建三个视图：v_ProInStore、v_StoreIn 和 v_Takeout。

（1）v_ProInStore 视图。

v_ProInStore 的作用是对每种产品统计出库的总数量。创建视图 v_ProInStore 的代码如下：

```
CREATE VIEW dbo.v_ProInStore
AS
SELECT p.ProID,Sum(s.ProNum) AS SumNum
FROM dbo.Product p INNER JOIN dbo.ProInStore s ON p.ProID=s.ProID
GROUP BY p.ProID
```

对应的脚本文件保存为 "v_ProInStore.sql"。

（2）v_Takeout 视图

v_Takeout 的作用是对每种产品统计出库的总数量。创建视图 v_Takeout 的代码如下：

```
CREATE VIEW dbo.v_Takeout
AS
SELECT p.ProID,Sum(t.ProNum) AS SumNum,Sum(t.ProNum*t.ProPrice) AS SumPrice
FROM dbo.Product p INNER JOIN dbo.Takeout t ON p.ProID=t.ProID
GROUP BY p.ProID
```

对应的脚本文件保存为 "v_Takeout.sql"。

（3）v_StoreIn 视图。

v_StoreIn 的作用是对每种产品统计入库的总数量。创建视图 v_StoreIn 的代码如下：

```
CREATE VIEW dbo.v_StoreIn
AS
SELECT p.ProID,Sum(i.ProNum) AS SumNum,Sum(i.ProNum*i.ProPrice) AS SumPrice
FROM dbo.Product p INNER JOIN dbo.StoreIn i ON p.ProID=i.ProID
GROUP BY p.ProID
```

对应的脚本文件保存为 "v_StoreIn.sql"。

创建一个新窗体，将窗体名称设置为 frmReport，窗体 frmReport 的布局如图 5.19 所示。

产品编号	产品名称	入库总量	入库总金额	出库总量	出库总金额	库存总量	库存下限	库存上限
0012	单口排气阀						1	10
0013	液化气球阀	15	607.5			15	10	100
0014	双盘摩擦压力机						1	5
0015	简易伺服数控机床						1	5
0016	三菱M64SM高速数控系统						1	5

图 5.19　frmReport 窗体布局

窗体 frmReport 的主要代码如下：

（1）窗体变量。

窗体 frmReport 包含两个窗体变量 ID1 和 ID2，分别用于存放当前类目的编号。

```
Dim ID1 As String
Dim ID2 As String
```

（2）Refresh_Pro 过程。

Refresh_Pro 过程的功能是为控件设置数据源，从而决定在 DataGrid1 控件中显示的数据内容，对应的代码如下：

```
Sub Refresh_Pro()
    Dim TmpSource As String
    Dim TmpTypeID As String
    ' 设置数据源
    TmpSource = "SELECT p.ProID AS 产品编号,p.ProName AS 产品名称," _
        & "v1.SumNum AS 入库总量,v1.SumPrice AS 入库总金额," _
        & "v2.SumNum AS 出库总量,v2.SumPrice AS 出库总金额," _
        & "v3.SumNum AS 库存总量,p.ProLow AS 库存下限,p.ProHigh AS 库存上限 " _
        & "FROM (((Product p LEFT JOIN v_StoreIn v1 ON p.ProID=v1.ProID) " _
        & "LEFT JOIN v_Takeout v2 ON p.ProID =v2.ProID) " _
        & "LEFT JOIN v_ProInStore v3 ON p.ProID=v3.ProID)"
    If cboType1.ListIndex > 0 Then
    ' 选择所有的一级产品类目
        If cboType2.ListIndex = 0 Then
            TmpTypeID = ID1
            TmpSource = TmpSource + " INNER JOIN ProType r ON p.ProTypeID=r.ProTypeID " _
                + "WHERE r.UpperID='" + Trim(TmpTypeID) + "'"
        Else
            ' 选择二级产品类目
            TmpSource = TmpSource + "INNER JOIN ProType r ON p.ProTypeID=r.ProTypeID " _
                + "WHERE r.ProTypeName='" + Trim(cboType2.Text) + "'"
```

```
        End If
      End If
      adoQry.RecordSource = TmpSource
      adoQry.Refresh
      DataGrid1.Columns(1).Width = 1850
   End Sub
```

（3）Form_Load 过程。

当窗体 frmReport 启动时，将触发 Form_Load 事件，对应的代码如下：

```
   Private Sub Form_Load()
     Dim TmpType As String
     Dim i As Integer
     cboType1.AddItem "全部"                    ' 装入一级类目
     Load_by_Upper "0000", adoQry
     i = 0
     Do While Arr_ProType(i) <> ""
        cboType1.AddItem Arr_ProType(i)
        i = i + 1
     Loop
     cboType1.ListIndex = 0
     cboType2.Visible = False                   ' 不显示二级类目
     Refresh_Pro
   End Sub
```

（4）组合框单击事件过程。

产品类目组合框 cboType1 与 cboType2 分别选择产品一级类目和二级类目，与前面所述不同的是，该窗体中的产品类目列表增加了一个"全部"选项，以方便用户浏览所有信息而不进行分类查询。

```
       Private Sub cboType1_Click()
         If cboType1.ListIndex <= 0 Then
            ID1 = ""
         Else
            ID1 = GetTypeId(Trim(cboType1.Text), adoQry)
         End If
         cboType2.Clear                          ' 清空显示二级类目的列表框
         cboType2.AddItem "全部"                  ' 读取 UpType 类目的二级类目的名称
         Load_by_Upper ID1, adoQry
         i = 0                                   ' 把二级类目的名称添加到列表框 List2 中
         Do While i < UBound(Arr_ProType)
            cboType2.AddItem Arr_ProType(i)
            i = i + 1
         Loop
         cboType2.ListIndex = 0                  ' 该语句可以触发 cboType2 的 Click 事件
         cboType2.Visible = True
         Refresh_Pro
       End Sub
       Private Sub cboType2_Click()
         If cboType2.ListIndex <= 0 Then
```

```
        ID2 = ""
    Else
        ID2 = GetTypeId(Trim(cboType2.Text), adoQry)
    End If
    Refresh_Pro
End Sub
```

2. 设计库存产品流水统计表窗体

库存产品流水统计表用来统计库存产品的数量变化信息。为了更方便地统计库存产品的数量变化，需要创建一个视图 SIRpt，它的作用是统计产品入库和出库的流水记录。创建视图 SIRpt 的代码如下：

```
CREATE VIEW dbo.SIRpt
AS
SELECT StoreInID, StoreInType, ProID,
        ProPrice, ProNum, (ProPrice * ProNum) AS Amount,
        ClientID, storeID, EmpName, OptDate
FROM StoreIn
UNION
SELECT TakeOutID, TakeOutType, ProID,
        ProPrice, ProNum, (ProPrice * ProNum) AS Amount,
        ClientID, StoreID, EmpName, OptDate
FROM TakeOut
```

对应的脚本文件保存为"SIRpt.sql"。

提示：可以使用 UNION 关键字把两个或多个 SELECT 语句连接起来，从而将多个查询结果组合为单个结果集，该结果集包含联合查询中所有查询的全部行。本例 SIRpt 视图需要同时返回产品的入库和出库记录，因此，在创建视图时需要使用 UNION 关键字。

创建一个新窗体，将窗体命名为 frmReport2，窗体的布局及代码编写参照 frmReport 窗体进行理解。

参考文献

[1] 东方人华．SQL Server 2000 与 Visual Basic.NET 数据库入门与提高．北京：清华大学出版社，2002．

[2] 求是科技．Visual Basic 6.0 数据库开发技术与工程实践．北京：人民邮电出版社，2004．

[3] 何玉洁．数据库基础及应用技术（第二版）．北京：清华大学出版社，2004．

[4] 朱从旭，严晖，曹岳辉等．Visual Basic 程序设计综合教程．北京：清华大学出版社，2005．

[5] 李春葆，曾平．数据库原理与应用—基于 SQL Server 2000．北京：清华大学出版社，2006．

[6] 刘卫国．数据库基础与应用教程．北京：北京邮电大学出版社，2006．

[7] 杨昭，周军．数据库技术课程设计案例精编．北京：中国水利水电出版社，2006．

[8] 北京洪恩教育科研有限公司．SQL Server 2000 数据库应用技术．长春：吉林电子出版社，2006．

[9] 严晖，刘卫国．数据库技术与应用实践教程—SQL Server．北京：清华大学出版社，2007．

[10] 黄明，梁旭，冯瑞芳．Visual Basic +SQL Server 中小型信息系统开发实例精选．北京：机械工业出版社，2007．

[11] 杨长兴，王小玲．数据库应用基础实践教程．北京：中国铁道出版社．2008．

[12] 冯伟昌．Access 2003 数据库技术与应用实验指导及习题解答．北京：高等教育出版社，2011．